AF457903

ÉTUDES COMPARÉES
DES FEUILLES
DANS LES
TROIS GRANDS EMBRANCHEMENTS VÉGÉTAUX

OUVRAGES DU MÊME AUTEUR

ESSAI DE PHYTOMORPHIE, ou Études des causes qui déterminent les principales formes végétales. T. Ier, grand-8 de 644 pages et 16 planches en taille douce.. 15 fr.

MONOGRAPHIE DES SANGSUES MÉDICINALES, contenant la description, l'éducation, la conservation, la reproduction, les maladies, l'emploi, le dégorgement et le commerce de ces annélides, suivie de l'hygiène des marais à sangsues. 1 vol. in-8, fig.. 6 fr.

MONOGRAPHIE DU TABAC, comprenant l'historique, les propriétés thérapeutiques, physiologiques et toxicologiques du tabac; la description des principales espèces; sa culture, sa préparation et l'origine de son usage; son analyse chimique, ses falsifications, sa distribution géographique, son commerce et la législation qui le concerne.............................. 5 fr.

ÉTUDES SUR LA SYMÉTRIE, considérée dans les trois règnes de la nature. Broch. in-8, avec 29 fig.. 2 fr. 50

FAITS pour servir à l'histoire générale de la fécondation chez les végétaux. Broch. in-8, fig.. 1 fr. 50

TRANSFORMATION de la gomme du Sénégal en sucre sous l'influence seule de l'eau, et THÉORIE CHIMIQUE DE LA MATURATION DES FRUITS. Broch. in-8. 75 c.

RECHERCHES sur la sensibilité comparative des divers réactifs employés concurremment avec l'amidon, pour déceler de minimes quantités d'iode dissous dans un liquide. Broch. in-8.. 75 c.

Paris. — Typ. de PILLET fils aîné, rue des Grands-Augustins, 5.

EXTRAIT DU TOME II DE L'ESSAI DE PHYTOMORPHIE

ÉTUDES COMPARÉES

DES

FEUILLES

DANS LES

TROIS GRANDS EMBRANCHEMENTS VÉGÉTAUX

COMPRENANT LE PRINCIPE DE LA TRISECTION
ET LES LOIS DE LEUR FORMATION ET DE LEUR COMPOSITION,
LEUR CLASSIFICATION MÉTHODIQUE,
L'EXPLICATION RATIONNELLE DE CERTAINES FEUILLES EXCEPTIONNELLES,
LEUR COMPOSITION ORGANOGRAPHIQUE ET LEUR PHYTOGÉNIE.

PAR

CH. FERMOND

PHARMACIEN EN CHEF DE LA SALPÊTRIÈRE;
VICE-PRÉSIDENT DE LA SOCIÉTÉ BOTANIQUE DE FRANCE;
VICE-PRÉSIDENT FONDATEUR
DE LA SOCIÉTÉ D'ÉMULATION POUR LES SCIENCES PHARMACEUTIQUES;
MEMBRE DE L'INSTITUT POLYTECHNIQUE, DE LA SOCIÉTÉ LINNÉENNE DE SENS,
DE LA SOCIÉTÉ HAVRAISE D'ÉTUDES DIVERSES, ETC.

La nature est donnée aux philosophes comme une grande énigme où chacun donne son sens, dont il fait son principe. Celui qui, par ce principe, rend raison plus clairement de plus de choses, peut au moins se vanter d'avoir l'opinion la plus vraisemblable.

La raison et l'expérience doivent être inséparables pour la découverte des choses naturelles.

L'abbé D'AILLY.

PARIS
LIBRAIRIE MÉDICALE GERMER BAILLIÈRE,
rue de l'École-de-Médecine, 17.

LONDRES
Hippolyte Baillière, Regent street, 219.

NEW-YORK
Baillière brothers, 440, Broadway.

MADRID, C. BAILLY-BAILLIÈRE, PLAZA DEL PRINCIPE ALFONSO, 16.

1864

ÉTUDES COMPARÉES

DES FEUILLES

DANS LES

TROIS GRANDS EMBRANCHEMENTS VÉGÉTAUX

Maintenant que nous avons démontré comment, par exastosie centripète et circulaire (1), les organes appendiculaires prennent naissance et se détachent de l'axe central qui les soutient encore, nous allons essayer de faire connaître le mode de division et de subdivision de ces mêmes organes ; et comme les physiologistes regardent avec raison les cotylédons, les feuilles, les bractées, les sépales, les pétales, les étamines, les lépales, les carpelles, etc., comme des modifications d'un même organe, la feuille, en faisant l'étude de cette dernière, ce sera faire en même temps l'étude des autres.

Dans notre premier volume de Phytomorphie, p. 332, nous avons assimilé la feuille à une épipédochorise ou fascie ; mais il est facile de constater une différence essentielle entre la vraie fascie et la fascie foliaire. En effet, la première est toujours constituée par des *protophytogènes* ou *phytogènes composés ;* tandis que la fascie foliaire n'est produite que par des *phytogènes simples*. Mais, de même que certaines fascies commencent par un axe parfaitement cylindrique, qui peu à peu s'élargit, quelquefois considérablement (*Celosia cristata*), tandis que d'autres s'élargissent subitement (*Sedum cristatum*, *Opuntia cristata*, *Lactuca sativa*, pl. X, *fig.* 58) ; de même il y a des fascies foliaires qui s'élargissent brusquement, alors que d'autres commencent par une sorte d'axe plus ou moins cylindrique, plus ou moins grêle et allongé,

(1) *Essai de Phytomorphie*, t. I, p. 95 et suiv.

constituant ce que l'on nomme le *pétiole* de la feuille. Dans ce cas les feuilles sont dites *pétiolées* : on les nomme *sessiles*, lorsque le pétiole n'existe pas, c'est-à-dire lorsque la fascie foliaire s'est produite subitement. En conséquence, il y aurait lieu de distinguer deux choses dans une feuille, savoir : le *limbe* et le *pétiole;* mais comme dans beaucoup de cas le pétiole ne se distingue pas parfaitement du limbe, et que par des nuances insensibles on peut passer d'une feuille longuement et parfaitement pétiolée, d'abord aux feuilles à limbe décurrent sur le pétiole, puis aux pétioles ailés et amplexicaules, aux feuilles décurrentes sur la tige, ou enfin aux feuilles entièrement unies à l'axe par défaut d'exastosie, nous nous contenterons d'étudier la feuille sous ces différents états sans traiter du pétiole dans un article à part, car il serait difficile, dans certaines séries de feuilles d'espèces d'un même genre, de dire exactement où un pétiole commence et même où il finit. Nous aurons occasion d'en citer quelques séries qui serviront d'exemples.

En considérant la prodigieuse quantité de formes régulières et anomales qu'affectent les feuilles, on doit se demander si la nature qui ne fait rien sans procéder d'après des principes ou des lois, n'aurait pas aussi assujetti les diverses formes de feuilles à des lois simples desquelles on pourrait faire dériver toutes celles qui sont connues. Si cela était, il serait possible d'établir une classification méthodique qui permettrait peut-être, plus tard, de mieux préciser la nature des feuilles lorsqu'il s'agit de description.

Persuadé que ce genre de recherches ne serait pas dépourvu d'intérêt, nous nous sommes constamment livré, pendant plusieurs années, à l'étude comparée des feuilles, et nous croyons avoir été assez heureux pour découvrir les lois de leur formation, et surtout le principe unique, général, d'après lequel, sauf exceptions explicables, les feuilles simples se diviseraient pour former les feuilles plus ou moins décomposées ou découpées.

Nous espérons démontrer qu'il y a des formes types desquelles dérivent toutes les autres, et ainsi faire facilement comprendre le mode de formation des feuilles même les plus composées ou divisées.

Ces recherches ayant nécessité beaucoup de temps, les résultats obtenus étant de natures fort diverses, et leur description ayant conséquemment une certaine étendue, nous avons dû diviser ce travail en plusieurs parties.

ARTICLE PREMIER.

Principe de la trisection ou de la triplasie (1), *et lois qui président aux découpures ou à la composition du limbe des feuilles.*

Les études comparées que nous avons faites sur les feuilles nous ont conduit à reconnaître que les découpures, laciniures, compositions ou décompositions des feuilles se faisaient d'après un principe très-général auquel nous avons cru devoir donner le nom de *principe de la trisection* ou *de la triplasie*, pour la raison qui se trouve exprimée dans l'énoncé suivant du principe lui-même.

1° *Les feuilles, les folioles, les lobes ou autres parties simples des feuilles ont une tendance marquée à se triséquer.*

2° *Quand un limbe se divise, c'est toujours suivant un multiple de* 3, *sauf les cas où la trisection est dissimulée, ou limitée à une seule des dimensions de la feuille : longueur ou largeur.*

Ces deux propositions ne sont que les corollaires l'une de

(1) Les observations que nous a faites M. Moquin-Tandon à la suite de notre première communication à la Société botanique de France, à savoir « que trisection veut dire trois sections quand il n'y en a que deux, et que le mot *trilobation* vaudrait mieux que celui de trisection, » nous ont paru si justes que nous n'avons pas hésité à lui chercher un équivalent qui ne fût pas exposé au même reproche, et nous avions adopté le mot *triplasie,* de τριπλάσιος, triple. Mais comme ce mot est déjà employé par nous pour exprimer une variété de *chorises planes* ou *circulaires*, et que, rigoureusement, les deux bords d'un organe appendiculaire sont déjà le résultat d'une fente, il en résulte que, logiquement, on peut dire trisection; car, par exemple, la feuille simple d'une monocotylédone, prise pour type, ne peut se former que par une première fente ou exastosie circulaire; par conséquent, s'il se forme 2 autres fentes, nous aurons bien 3 fentes pour constituer les 3 lobes : donc le mot trisection peut être maintenu. D'ailleurs, sans chercher autre part que dans l'ordre d'idées qui nous occupe, la botanique présenterait des expressions fautives analogues à celle de *trisection* (en admettant même que l'explication précédente ne pût pas être donnée) dans les mots *bifides, trifides,* etc., puisqu'il n'y a qu'une fente dans le premier cas, deux dans le second, etc. D'un autre côté, le principe dont nous parlons ne se borne pas à faire des lobes, mais des divisions profondes et très-souvent des folioles, ce qui fait que le mot trilobation serait insuffisant. Ces raisons nous ont fait continuer à employer le mot trisection, quoique l'on puisse employer si l'on veut le mot triplasie, mais qui, dans ce cas, n'aura plus la même signification que lorsqu'il s'agira de l'appliquer aux chorises. (Voir notre *Phytomorphie*, p. 209.)

l'autre, car il est évident que selon que l'on place l'une avant l'autre on marche du simple au composé, ou du composé au simple. Mais comme c'est en procédant du simple au composé que nous avons été amené à établir le principe de la trisection, nous commençons par constater sa tendance dans les feuilles simples, et puis nous le poursuivons dans les feuilles lobées, et enfin dans les feuilles composées pour y constater son influence. L'examen de ces tendances dans les feuilles simples ou lobées, et la constatation du principe de la trisection dans les feuilles composées, nous semblent justifier suffisamment les deux propositions que nous venons de poser.

Comme c'est dans les feuilles des Dicotylédones que les lois que nous allons étudier se trouvent le plus clairement exprimées, c'est par ces feuilles que nous commencerons ces études, et nous verrons ensuite qu'on retrouve l'influence du principe de la trisection dans les feuilles des Monocotylédones et des Acotylédones.

SECTION I. — FEUILLES DE DICOTYLÉDONES.

Si, comme nous l'avons fait bien souvent, l'on cherche avec soin parmi les feuilles dites *entières* ou *simples*, celles qui pourraient offrir quelques modifications de formes, on finit presque toujours par en trouver quelqes-unes qui présentent sur chaque bord latéral une échancrure assez prononcée pour en faire une feuille trilobée. Ainsi les feuilles simples ou entières de Pommier, Poirier, Prunier, Pêcher, Tabac, Tilleul, Topinambour, Cerisier, Lysimaque, *Euphorbia prunifolia*, *Entelea arborescens*, etc., présentent quelquefois deux lobes latéraux surnuméraires qui en font véritablement des feuilles à trois lobes.

Il en est de même des Cotylédons entiers, de la Carotte, du Persil, du Cerfeuil, des Épinards, de la Vigne, du Souci, de la Tomate, etc., qui nous ont présenté assez souvent des cas de *trifidation* pour nous avoir fait concevoir qu'il y avait dans le fait mieux qu'un simple accident de végétation.

Ce qui est un fait exceptionnel dans les exemples précités se trouve beaucoup plus fréquemment dans les plantes spécifiées par le mot *hétérophylle* (*Bidens*, *Cissus*, *Rhus*, etc.), et quelquels autres non moins hétérophylles, mais qui sont spécifiées par un autre nom ; telles sont, par exemple : les *Syringa persica et laciniata;* les *Abelmoschus palustris et roseus;* les *Morus alba, italica et intermedia ;* le *Broussonetia papyrifera*, etc.

Cette tendance à la trisection est tellement prononcée chez un assez grand nombre de végétaux, que leurs feuilles sont réellement regardées comme trilobées et même quintilobées, par suite d'une nouvelle tendance à la trisection, ainsi que nous le verrons plus loin. Par exemple, chez les *Hedera*, on trouve presque aussi souvent des feuilles entières que des feuilles trilobées et quintilobées. Les *Ribes*, *Vitis, Cucurbita*, *Acer*, etc., donnent lieu à de semblables observations; de sorte qu'en cherchant dans ces feuilles le plus souvent quintilobées ou trilobées, on arrive toujours à trouver des feuilles parfaitement simples ou entières et sur lesquelles, par conséquent, le principe de la trisection ne s'est pas encore fait sentir.

Avant d'aller plus loin, un mot sur la composition en général des feuilles.

On a coutume de ne donner le nom de feuilles composées qu'à celles qui sont formées d'un plus ou moins grand nombre de folioles offrant à la base de leur pétiolule une articulation. Mais comme un grand nombre de feuilles évidemment composées (Ombellifères, Crucifères, Renonculacées, etc.) ne présentent ni articulation ni bourrelets à la base de leurs folioles, nous donnerons dans ce travail, au nom de feuilles composées, une acception plus large, tout en tenant compte cependant de cette particularité que présentent certaines feuilles composées, et en cela nous ne croyons nullement nuire au progrès de la science.

La manière dont les feuilles, de simples qu'elles sont dans les cotylédons et les feuilles primordiales, deviennent plus ou moins lobées ou composées, forme un sujet d'études qui n'est pas sans intérêt au point de vue qui nous occupe. Ainsi, il y a des plantes dont les feuilles primordiales, presque toujours simples, se transforment immédiatement après en feuilles triséquées ou composées à trois folioles (*Phaseolus*). Ici la trisection ne se fait sentir qu'après la deuxième paire de feuilles, les cotylédons formant la première paire. Dans quelques espèces la trisection se fait sentir dès la deuxième paire. Ainsi, chez les *Vitis*, les cotylédons, simples d'ordinaire, sont le plus souvent suivis de feuilles où la tendance à la trisection est manifeste. Il en est de même des *Fragaria*, qui, avec des cotylédons simples, offrent immédiatement des feuilles composées de trois folioles. Cette trisection n'est évidemment qu'un état plus avancé de la trilobation dont nous venons de parler.

Chez les *Trifolium*, *Medicago*, et quelques autres légumineuses, les cotylédons sont simples, les feuilles primordiales souvent simples, et ce n'est qu'à la troisième paire qu'elles se trisèquent.

De Candolle a figuré un *Bombax* à cotylédons simples, ayant les deux premières feuilles trifoliolées et la troisième quintifoliolée, parce qu'ici la *génération* est *latérale*, comme l'indique, au reste, la feuille centrale non encore développée de la figure (1). Dans le *Cobea scandens*, les cotylédons sont simples, larges, et les feuilles primordiales déjà composées de trois et quatre paires de folioles avec la terminale. Nous verrons plus loin que c'est par la trisection successive de la terminale que cette composition se fait.

Chez quelques autres (*Galega*), les cotylédons sont simples, les feuilles primordiales simples aussi; puis les feuilles sont bijuguées, puis trifoliolées (2), enfin les feuilles se composent de plus en plus, jusqu'à ce qu'elles aient atteint leur maximum de composition.

Chez l'*Erodium pimpinellæfolium* les cotylédons sont trilobés, et les feuilles qui suivent commencent par présenter une tendance à la trisection de chacun des lobes représentant le cotylédon; puis la feuille se compose de plus en plus à la manière de celle de l'*Heracleum* dont nous parlerons tout à l'heure.

Enfin la germination de quelques plantes, celle du Tilleul en particulier, présente ce fait remarquable, que ses cotylédons sont quintilobés, quand, au contraire, les feuilles sont simples; mais, largement dentées, on pourrait n'y voir, si l'on voulait, qu'une multitude de lobes plus petits, ce qui n'est pas moins, au fond, une exception à la règle ordinaire, qui veut que les feuilles se divisent ou se composent de plus en plus à partir des cotylédons.

(1) *Org. vég.*, pl. 52, *fig.* 1.
(2) *Org. vég.*, pl. 49, *fig.* 2.

Le *Quamoclit vulgaris* offre un phénomène plus remarquable encore. Ses cotylédons sont à deux lobes latéraux, ses feuilles primordiales très-divisées, et pour ainsi dire réduites à leurs nervures : les premières ayant une *génération latérale*, les feuilles une *génération* plutôt *longitudinale*.

En général, *plus la trisection est prononcée et plus difficilement on rencontre des feuilles redevenues simples*. Ainsi, dans les *Vitis*, *Ribes*, etc., dont nous avons parlé, et chez lesquelles on ne trouve que des feuilles trilobées, on retrouve assez fréquemment des feuilles entières; tandis qu'il est beaucoup plus difficile de les retrouver dans les feuilles à trois folioles. Cependant nous avons quelquefois rencontré des feuilles de *Fragaria*, *Trifolium*, *Medicago*, *Phaseolus*, etc., en dehors des conditions de simplicité que nous venons de signaler dans le jeune âge, chez lesquelles les trois folioles étaient restées complétement unies et constituant, par conséquent, une feuille entière.

Nous devons faire observer de suite que nous avons évité de dire que les trois folioles s'étaient soudées, et cela avec intention. En effet, malgré notre répugnance à créer de nouveaux mots en botanique, nous avons dû nous soumettre aux exigences des idées que nous voulons exprimer, et nous n'avons jamais compris les mots qui semblent dire exactement le contraire de ce qui existe. Évidemment, quand nous disons *soudure*, nous exprimons un état d'adhérence de deux ou plusieurs choses d'abord séparées. Or, dans un bourgeon, à l'état naissant, toutes ses parties constituantes sont intimement soudées, ou plutôt liées entre elles, et quand, par les progrès de la végétation, les parties se détachent les unes des autres, se séparent, s'*individualisent*, pour ainsi dire, afin de constituer une feuille, une foliole, une bractée, etc., il n'est pas logique de dire de deux feuilles ou de deux folioles qui restent adhérentes, qu'elles sont soudées, mais bien qu'elles ne se sont point détachées ou séparées l'une de l'autre. Le contraire, c'est-à-dire la tendance à la séparation des parties végétales, s'exprime assez exactement par le mot *exastosie* ou *ecastosie* tiré du grec ἕκαστος, chaque individu (1). Il y a en effet exas-

(1) Quelques observations nous ayant été faites relativement à la manière d'écrire et de prononcer le mot grec francisé, nous avons cru devoir donner ici la justification de ce mot, que nous avons pris l'habitude d'écrire et de

tosie dans une feuille qui vient à se trilober, etc., et défaut d'exastosie ou d'*individualisation* dans deux feuilles, ou deux folioles qui restent unies, alors que d'ordinaire ces feuilles ou ces folioles se séparent pour constituer deux sortes d'*individualités, entités* ou *exastoses*. Comme dans l'étude approfondie que nous ferons de la feuille en général nous aurons besoin d'employer fréquemment cette expression, il importait d'en donner auparavant la signification exacte. Ceci posé, poursuivons.

Les faits que nous venons d'exposer donnent déjà une certaine idée du principe de la trisection au point de vue de la première proposition; mais, pour fournir la preuve du passage de la feuille simple à la feuille trilobée ou triséquée, il faut l'étudier dans les phénomènes tératologiques et organogéniques. Pour remplir la première condition, nous n'avons qu'à observer ce qui se passe dans la nature, particulièrement sur les feuilles de Ronce et celles du *Clematis vitalba;* nous reviendrons plus tard à la seconde.

prononcer avec l'*x* français : 1° Le mot Ἕκαστος, qui signifie chacun, chaque, chaque individu, est évidemment composé de la préposition Ἐκ, qui marque la division, l'exclusion, la séparation, et du substantif αστος, citoyen, citadin, habitant d'une ville, individu. Or, la préposition prend le *cappa* devant une consonne et un *xi* devant une voyelle, si bien que l'on pourrait écrire Ἕξαστος tout aussi bien que Ἕκαστος, puisque αστος commence par une voyelle. D'où il suit déjà que l'on peut, à volonté, écrire et dire *exastosie* ou *écastosie*. 2° D'un autre côté, dans certains dialectes de la langue grecque, le *xi* se change quelquefois en *cappa*, et réciproquement le K en Ξ. Il est donc certain que le mot Ἕξαστος, surtout à cause de sa composition, a une forme grecque aussi pure que le mot Ἕκαστος; par conséquent, sous ce nouveau point de vue, on peut dire et écrire *exastosie* tout aussi bien que *écastosie*. 3° D'ailleurs, même en écartant les deux raisonnements précédents et en admettant que le mot ἕκαστος soit le seul possible, nous pourrions encore citer quelques exemples en faveur de la prononciation douce du mot francisé. Ainsi, dans les mots *dix*, qui vient de Δεκα, et *dixième*, de Δεκατος, on voit que le K a été remplacé dans les mots français par un *x*, dont la prononciation devient douce. Enfin, Varron a fait le substantif *exbola, æ,* trait, dard, du verbe εκβαλλω, lancer; et Cicéron, du grec εκδύο a fait le verbe *exuo*, dépouiller, d'où le substantif *exuviæ, arum*, dépouilles, et nous pourrions citer encore des mots français dans lesquels l'*x* français tient la place du K grec. Évidemment, dans ces derniers mots, le K a été remplacé par l'*x* à prononciation douce. Par conséquent encore, d'après ce raisonnement, on peut, sans trop contrarier les usages établis, écrire et prononcer *exastosie*. C'est au moyen de ces trois ordres de raisonnement que nous avons fait imprimer le mot *exastosie* avec l'*x;* mais on peut tout aussi bien écrire et prononcer *écastosie*. Toutefois, la prononciation douce nous a paru plus euphonique, et c'est pour cela que nous l'avons préférée. (Voir pour plus de détails notre premier volume de *Phytomorphie*.)

Les feuilles de Ronce sont ordinairement trifoliolées, *fig.* 1; Pl. I. chacune des trois folioles est souvent simple, si l'on en excepte les dents. Or, souvent aussi, on rencontre des feuilles à cinq folioles parfaitement entières. Si l'on recherche avec soin dans une série de feuilles comment elles peuvent passer de la feuille trifoliolée à la feuille quintifoliolée, on ne tarde pas à trouver des feuilles trifoliolées chez lesquelles les folioles inférieures présentent tantôt un commencement de division, tantôt une division complète, comme le représente la *fig.* 2, en *a*, pour le premier cas; en *b*, pour le second. Donc, les folioles inférieures ont subi un commencement de trisection; mais ici le principe ne s'est fait sentir complétement en *b*, incomplétement en *a*, que sur le côté extérieur de chaque foliole inférieure, parce que, probablement, la foliole terminale, en se développant relativement beaucoup, a affamé les éléments foliolaires qui auraient dû se développer sur le côté interne des deux folioles inférieures, et constituer une complète trisection. Cela est rendu évident par les cas tératologiques que l'on observe sur quelques feuilles de Ronce, et que nous avons représentés *fig.* 3, où l'on voit à l'une des folioles inférieures un lobe intérieur qui s'est formé en *b*, tandis que les lobes extérieurs des deux folioles inférieures se sont séparés plus profondément pour former les deux folioles *c*, *c'*.

Dans le cas où la division inférieure d'une feuille tripartite reste unie à la division supérieure, on conçoit aisément que la tendance à la production du lobe *b*, *fig.* 3, ou de la foliole intérieure, disparaisse par la fusion de ce lobe ou de cette foliole, avec la division supérieure. Nous étudierons plus spécialement ce phénomène dans le second article de ce travail. Mais de l'exemple précédent et de ceux qui vont suivre, on sent si bien cette tendance à la trisection, qu'il suffit de l'indiquer pour qu'on la saisisse aussitôt.

De même que nous avons vu les deux folioles inférieures tendre à se triséquer, de même, la foliole supérieure se présente avec la même tendance indiquée d'abord par le lobe *a*, *fig.* 3, et complétement confirmée dans l'exemple représenté dans la *fig.* 4, par les folioles *a*, *a'*. En général, on remarque que le défaut d'exastosie de l'un des lobes ou de l'une des folioles ne se fait pas sentir ici comme sur les folioles inférieures, parce que, en vertu de notre loi de symétrie, par rapport à une ligne (1), ligne représentée par la nervure médiane, les deux bords latéraux de la foliole terminale se trouvent plus souvent également influencés, toutes choses étant égales de chaque côté de cette foliole.

Dans le *Clematis vitalba,* nous retrouvons exactement les mêmes tendances, si ce n'est qu'ici l'exception est le cas normal de l'exemple précédent. En effet, c'est avec une assez grande peine que l'on trouve la feuille composée de ce *Clematis* réduite à ses trois folioles, *fig.* 5, d. Cependant, lorsque l'on est prévenu, on les trouve encore assez facilement. Si donc on cherche à la base d'un nouvel axe, non-seulement on trouve la feuille cherchée, mais on reconnait avec la dernière évidence la marche du principe de la trisection; d'abord, par une petite feuille entière *a, fig.* 5; puis par une feuille un peu plus grande, *b*, offrant un lobe, *b'*; ensuite une feuille entière, *c*, mais présentant trois lobes, commencement de la trisection, qui se complète par ses trois folioles, dans la feuille dont nous avons parlé *fig.* 5, d.

Dans chacune des folioles de cette feuille trifoliolée, nous reconnaissons encore l'influence du principe de la trisection par les deux lobes latéraux que portent la foliole supérieure et la foliole inférieure gauche, et par le seul lobe interne que l'on aperçoit sur la foliole inférieure droite, l'exastosie ne s'étant pas prononcée sur le bord extérieur de cette foliole. En cherchant suffisamment, on finit toujours par trouver un passage de l'état le plus simple précédent, à l'état complet, normal, de la feuille de ce *Clematis.* C'est ce que montre parfaitement la monstruosité indiquée *fig.* 6, dans laquelle la foliole supérieure s'est triséquée en un lobe, *a*, à droite, et une *foliolule*, *a'*, à gauche; et, tandis que la foliole inférieure droite, *b*, est restée simplement normale avec un commencement de trisection accusée par deux petits lobes latéraux, la foliole inférieure gauche a donné naissance à une *foliolule* extérieure, et foliole et foliolule présentent ellesmêmes une tendance à la trisection.

Or, l'état normal de la feuille du *Clematis vitalba* est une feuille à cinq folioles, où le principe de la trisection se fait parfaitement remarquer trois fois de suite :

(1) *Études sur la symétrie considérée dans les trois règnes de la nature.*

1° Par les trois folioles supérieures plus rapprochées, *fig*. 7, et ndiquées, *fig*. 6, en *a* et *a'* ;

2° Par la tendance de chaque foliole à la trisection ;

3° Par les trois folioles supérieures qui, résultant d'une seule feuille triséquée, *a* et *a'*, *fig*. 6, forment avec les deux folioles inférieures un degré plus avancé de trisection.

Si l'on observe la marche de la division des feuilles chez les ombellifères, on peut remarquer qu'elle suit la même méthode de trisection pour arriver à cette composition, souvent fort complexe, de certaines feuilles d'Ombellifères. Tâchons donc de suivre cette multisection dans des feuilles plus composées que les précédentes.

La feuille de l'Angélique, ou celle de l'*Heracleum sphondilium*, *fig*. 8, va nous faire comprendre aisément cette division plus avancée, d'après le principe de la trisection. En effet, on trouve souvent des feuilles entières qui ne sont composées que des folioles 4 et 3. Mais déjà on peut remarquer que la foliole 4 doit être regardée comme le résultat de trois tripartitions formées 1° par le lobe 4^{IV} et les deux lobes $4'''$; 2° par ces trois lobes considérés dans leur ensemble comme n'en faisant qu'un et les deux lobes $4''$; 3° par ces cinq lobes considérés ensemble comme n'en faisant qu'un et les deux lobes $4'$. Maintenant, regardant l'ensemble des sept lobes précédents comme une seule foliole, ce qui est évident, et les associant aux folioles séparées 3, 3, on arrive à une trisection nouvelle, qui est l'état normal d'un grand nombre de feuilles d'*Heracleum* même. Mais ces trois folioles considérées ensemble comme une foliole unique qui s'est triséquée, constituent avec les folioles 2 et 2 une nouvelle trisection, et pareillement, en regardant tout ce système comme une seule foliole plusieurs fois triséquée, on trouve encore avec les folioles 1 et 1 une dernière trisection. Pl. II.

D'un autre côté, si nous considérons chaque foliole en particulier, nous verrons qu'elle se trisèque de la même façon que la foliole supérieure 4. En effet, la foliole 3, par exemple, est formée des lobes $3'$, $3''$, $3'''$, 3^{IV}. Or, dans le lobe 3^{IV} on voit déjà la tendance à une trifidation accusée par les trois nervures terminales ; ce lobe 3^{IV}, regardé comme simple, forme avec les lobes $3'''$ une première trifidation ; ces trois lobes, considérés comme un seul, constituent avec les lobes 3″ une deuxième trifidation; enfin ces cinq lobes, regardés comme un seul, forment avec les lobes 3′ une troisième trifidation, où l'on reconnait un état plus avancé de trisection. Toutes les autres folioles 2, 1, sont évidemment sujettes aux mêmes observations.

Si maintenant on conçoit tous ces lobes atteignant la nervure médiane de chaque foliole, ce qui arrive quelquefois même dans l'exemple d'*Heracleum* choisi, en 1′ et 1″, on aura un état de division qui se retrouve très-fréquemment dans la famille des ombellifères que nous avons pris comme exemple de trisection poussée à l'extrême. Déjà dans l'Angélique, non-seulement cette division atteint la nervure secondaire qui fait la foliole, mais encore elle atteint la nervure tertiaire qui fait la *foliolule*. Il en résulte des folioles de deuxième et de troisième ordre, dans lesquelles les mêmes tendances à la trisection se font aisément remarquer.

Dans la manière dont la nature a dû procéder pour constituer la feuille d'*Heracleum*, *fig*. 8, on peut reconnaître que les folioles 1, 2, 3, procèdent toutes de la foliole terminale qui, se triséquant de plus en plus, a produit les trois paires de folioles indiquées. Dans un grand nombre de feuilles, c'est toujours la foliole terminale qui seule subit l'influence du principe de la trisection; d'où résulte la feuille simplement composée dont les Légumineuses et les Rosacées nous offrent de fréquents exemples. Mais dans la feuille de l'*Heracleum* et celles que nous allons examiner, tout en constatant que la foliole terminale présente la même suite de trisection, on voit en même temps les folioles se triséquer à leur tour de plus en plus pour former des lobes secondaires qui conduisent évidemment aux folioles secondaires constituant ce que l'on nomme une *feuille décomposée*.

Cette méthode employée par la nature pour arriver à la division des feuilles composées ou plus ou moins lobées, est tellement transparente que l'on retrouve dans les feuilles composées ou lobées des traces de cette méthode autres que celles que nous venons de faire connaître. Ainsi, revenant à l'exemple de la feuille, *fig*. 8, et considérant d'abord en elle-même la foliole 4, nous trouvons que le sinus des lobes 4^{IV}-$4'''$ est relativement moins profond que le sinus des lobes $4'''$-$4''$; que celui-ci est relativement moins profond que le sinus des lobes 4″-4′ ; qu'enfin le sinus 4′ à la foliole 3 est plus profond encore, puisqu'il y a une vraie séparation qui fait du lobe 3 une foliole complétement détachée de la foliole 4. Mais, en même temps que les folioles 3 sont peu distantes de la foliole 4 (ce qui constitue un degré de liaison qui n'existe plus à un point aussi élevé entre l'ensemble des folioles 4 et 3, et les deux autres folioles suivantes, 2, qui sont beaucoup plus éloignées relativement), on remarque dans les folioles 3 une division moins complète, car on y trouve une légère décurrence du parenchyme de la foliole sur le rachis. Dans les folioles 2, au contraire, non-seulement cette décurrence ne se fait plus remarquer, mais encore il est facile de voir que la foliole est pourvue d'un *pétiolule*. Enfin les folioles, 1, sont non-seulement plus éloignées encore sur le rachis, mais aussi son *pétiolule* est plus allongé et ses lobules sont eux-mêmes relativement plus profondément découpés, puisqu'il y en a un, 1″, qui est complétement séparé sous forme de foliolule.

Ainsi, de même que les lobes 4′4″4‴4ᴵⱽ de la foliole 4 constituent, par rapport aux 2 folioles, 3, un tout plus uni ou plus lié, de même les folioles 4 et 3 constituent un tout plus uni, par rapport aux folioles 2; et enfin les folioles 4, 3, 2 constituent ensemble un tout plus uni par rapport aux folioles 1. Ces observations démontrent donc que la nature a opéré la division de cette feuille par voie de trisections successives, division qui est d'ailleurs indiquée encore d'une autre façon par la composition des autres feuilles de la même plante. Celle-ci comporte, en effet, des feuilles entières bornées soit aux folioles 2, 3, 4; soit aux folioles 3, 4; soit enfin à la foliole 4, où déjà les divisions sont quelquefois moins profondément accusées.

Nous verrons d'ailleurs plus loin que, organogéniquement, les folioles sont d'autant plus anciennement formées qu'elles sont placées plus bas sur le rachis. C'est ce que nous avons voulu exprimer par les chiffres 1, 2, 3, 4 qui marquent l'ordre de leur formation.

Dans l'exemple de la feuille de l'*Heracleum* nous n'avons pas encore pu nous apercevoir d'une tendance nette à la trisection des lobes de chaque foliole. Mais si nous jetons un coup d'œil sur une feuille d'Angélique, nous ne tardons pas à reconnaître que chaque lobe des folioles de l'*Heracleum* est ici représenté par une *foliolule* composée par voie de trisection, de foliolules d'un ordre plus élevé encore dans chacune desquelles on retrouve la tendance qu'elles ont à se triséquer. Cet exemple de composition, pris sur l'Angélique, conduit immédiatement à la composition un peu plus complexe de la feuille du Persil (*Apium Petrosœlinum*), *fig*. 9.

En portant notre attention sur les lobes ou sur les folioles de cette feuille, nous voyons très-clairement la trisection se prononcer davantage encore. Ainsi, non-seulement la foliole terminale 4 se compose de trois lobes presque séparés, 4,4'4'; les folioles 3, de trois lobes également presque séparés 3,3'3'; les folioles 2, de trois lobes complétement séparés ou folioles 2, 2' et 2", le supérieur formé lui-même de trois lobes presque séparés 2, 2'; mais encore les folioles ou les lobes se subdivisent de plus en plus en des lobes plus petits et plus ou moins profonds dans chacun desquels il est aisé de constater la tendance qu'ils ont à se triséquer, par d'autres lobes plus petits. Ce principe est ici tellement apparent, que nous croyons qu'il suffira de jeter un coup d'œil sur la *fig*. 9, pour que l'on en ait une idée parfaite, en tenant compte seulement de quelques défauts d'exastosie qui ont pu faire que quelques lobes manquent à l'ensemble.

Nous ajouterons que quelques feuilles primordiales se bornent à une composition représentée par la foliole terminale 4; que quelques autres ont un élément double de plus, 4 et 3; que les plus composées comportent encore un élément double de plus, 4, 3 et 2 qui ne sont que des folioles opposées et plus ou moins composées elles-mêmes. On peut observer que l'élément qui devait produire la foliole 1 de l'*Heracleum* n'a produit que la foliole 2 du Persil : en d'autres termes, la *génération longitudinale* (1) de la feuille du Persil forme un élément de moins que dans la feuille de l'*Heracleum;* c'est ce que nous avons voulu exprimer par les chiffres 4, 3 et 2.

Enfin, de même que nous avons vu, *dans la feuille entière*, les lobes ou les folioles se prononcer ou descendre sur le rachis ou nervure moyenne en se séparant de plus en plus, séparation

(1) Nous donnons plus loin le sens exact de cette expression.

indiquée par moins de liaison avec le lobe ou la foliole supérieure, par moins de décurrence sur le rachis, par un pétiolule de plus en plus long à mesure que l'on descend davantage sur le rachis; de même nous observons, *dans les folioles*, des phénomènes analogues. En d'autres termes, ce qui se passe sur le rachis ou nervure primaire, se reproduit exactement sur la nervure secondaire, et d'autant mieux que l'on fait l'observation sur une foliole plus inférieure.

Nous pouvons aussi reconnaître sur la feuille du Persil une marche de trisection analogue à celle de l'*Heracleum*, car le lobe 4 forme un groupe de trois autres lobes plus petits, eux-mêmes formés de trois lobes plus petits encore; le groupe de lobes 4, *fig.* 9, forme avec les deux groupes de lobes 4'4' un groupe triséqué 4,4'4'. Ce groupe composé forme avec les deux groupes composés 3,3, un groupe plus composé et triséqué. Ce nouveau groupe plus composé forme avec les deux groupes plus composés aussi, 2,2, un groupe plus composé encore dans lequel la trisection est tellement prononcée qu'il y a séparation complète et distance relativement considérable entre les folioles. On peut déduire de ces observations sur l'*Heracleum* et le Persil cette première loi qui est générale pour les feuilles dont le symbole de formation est $L=l$ (1).

1° *Dans les feuilles simplement lobées, de la forme $L=l$, la profondeur des sinus est en raison directe de la plus ancienne formation des lobes qu'ils séparent, et dans les feuilles composées, les distances qui séparent les folioles et la longueur des pétioles ou des pétiolules sont aussi en raison directe de la plus ancienne formation des éléments foliolaires.*

C'est par cette méthode de division que l'on passe de la feuille *décomposée* à la feuille *surdécomposée*, dont nous allons donner des exemples très-propres à démontrer le principe de la trisection dans toute sa rigueur.

1° Les feuilles, de simples qu'elles sont dans le *Fragaria vesca monophylla*, en se triséquant deviennent les feuilles trifoliolées des autres *Fragaria* (*Feuilles composées*).

2° Si l'on admet que chaque foliole d'une feuille trifoliolée se

(1) Voir plus loin la signification de ce symbole.

trisèque, on aura la feuille de la Podagraire et de l'Impératoire, *fig.* 12 (*Feuilles décomposées*).

3° Chacune des foliolules de cette feuille décomposée se triséquant à son tour, on arrive à la feuille de l'*Actea spicata* ou celle de l'*Epimedium alpinum*, *fig.* 14 (*Feuilles surdécomposées*).

En général, c'est à cette surdécomposition que l'on s'arrête dans les descriptions. Mais le principe de la tendance à la trisection ne s'arrête pas là, car dans certaines ombellifères la composition des feuilles s'élève au quatrième et au cinquième ordre, et il n'est pas rare de voir la trisection se prononcer jusque sur des folioles de sixième ordre, ce qui donne des lobules de septième ordre ; c'est le cas de la feuille du *Ferula tingitana*.

Il pourrait être útile dans quelques cas de pouvoir exprimer cet état de choses, ce qu'il serait facile de faire d'une manière très-simple. Il suffirait, pour cela, de changer ou plutôt de supprimer les mots *décomposition* et *surdécomposition* qui ne sont pas assez précis, et qui, d'ailleurs, employés dans le sens exagéré du mot composition, paraissent dire exactement le contraire de ce que l'on veut exprimer, puisque les mots décomposition ou surdécomposition semblent détruire ce que la composition est censée avoir fait. On conserverait seulement le mot composition ou composé, que l'on ferait précéder des mots *uni*, *bi*, *tri*, *quadri*, *quinti*, etc. Ainsi les feuilles seraient *uni-composées* ou plus simplement *composées*, *bicomposées*, *tricomposées*, etc., de même que l'on dirait *composition*, *bicomposition*, *tricomposition*, etc. Ce sont ces termes que nous emploierons dans le cours de ce travail.

La *fig.* 10, qui représente une feuille quinticomposée, est l'expression théorique la plus exacte du mode de composition des feuilles d'après le principe de la trisection appliqué au système L = 1. On y reconnaît aisément, au moyen des courbes circulaires que nous y avons tracées pour indiquer les systèmes de feuilles successivement triséquées, savoir : 1° en 1, 3 folioles assemblées une fois par 3, indiquant le premier degré de composition (*uni-composition* ou simplement *composition*), qui se trouve répété en 1' ; 2° en 2, 9 folioles assemblées 3 fois par 3, indiquant le deuxième degré de composition (*bicomposition*), qui se trouve répété en 2′; 3° en 3, 27 folioles assemblées 9 fois par 3, représentant le troisième degré de composition (*tricomposition*), qui se trouve répété en 3′; 4° en 4, 81 folioles assemblées 27 fois par 3, représentant le quatrième degré de composition (*quadricomposition*), qui se trouve répété en 4′; 5° enfin, en 5, 243 folioles assemblées 81 fois par 3, représentant le cinquième degré de composition (*quinticomposition*), formant la feuille entière.

D'après ce que nous venons d'établir, il est facile de reconnaître la série suivante :

1 × 3 =	3 =	feuille composée.
3 × 3 =	9 =	feuille bicomposée.
9 × 3 =	27 =	feuille tricomposée.
27 × 3 =	81 =	feuille quadricomposée.
81 × 3 =	243 =	feuille quinticomposée.

D'où cette deuxième loi applicable à certaines feuilles que nous ferons ultérieurement connaître en parlant de la classification méthodique des feuilles, et en particulier à la feuille des ombellifères dont le symbole de formation est L = l (1).

2° *La division des feuilles multiséquées de la forme L = l se fait par trisection successivement multipliée par* 3.

De ce que, dans la fig. 10, l'assemblage 1 = 1′; l'assemblage 2 = 2′; l'assemblage 3 = 3′; l'assemblage 4 = 4′, on en déduit cette troisième loi :

3° *Dans la division des feuilles multiséquées de la forme L = l, chaque système composé pris sur le rachis ou sur l'une de ses subdivisions est représenté par l'ensemble de tous les systèmes pris plus haut sur le rachis ou sur l'une de ses divisions.*

Pour comprendre facilement cette loi, il suffit d'observer que le système composé 4′ est exactement représenté par le système 4 pris plus haut sur le rachis. En effet, sur ce nouveau système, nous n'avons qu'à opérer comme nous l'avons déjà fait pour l'ensemble de la feuille, et nous verrons que l'assemblage terminal

(1) Nous verrons dans notre seconde partie que les feuilles se forment d'après deux sens de génération, savoir : 1° par génération longitudinale = L; 2° par génération latérale = l. Donc L = l signifie que dans certaines feuilles la génération longitudinale est égale à la génération latérale. C'est le cas de toutes les feuilles trifoliolées et de toutes celles que nous venons d'étudier, surtout des Ombellifères.

des trois folioles $1 = 1'$; que l'ensemble de ces trois assemblages de trois folioles ou $2 = 2'$; que l'ensemble de ces neuf assemblages de trois folioles ou $3 = 3'$, *fig*, 10. Seulement, comme nous n'opérons que sur une des nervures secondaires, nous ne devons plus trouver qu'une composition de un degré moins élevé, et il faut observer que comme c'est la quatrième nervure secondaire en partant du sommet de la feuille que nous avons prise pour exemple, nous trouvons une quadricomposition; en prenant la troisième nervure, nous n'eussions trouvé qu'une tricomposition; en opérant sur la seconde qu'une bicomposition, en partant de la première, qu'une composition simple : l'assemblage de trois feuilles étant déjà une composition.

Il suffit donc de compter, en comprenant l'ensemble des trois folioles supérieures, le nombre des nervures secondaires qui se trouvent sur le rachis pour conclure au degré de composition des feuilles ayant pour symbole de formation $L = l$.

Pour mieux faire voir qu'il en est bien ainsi, nous avons reproduit, *fig.* 11, le système 4' de la feuille entière, *fig.* 10, où nous voyons en AB le rachis : par conséquent la nervure 1 représente la composition ; le nervure 2, la bicomposition ; la nervure 3, la tricomposition ; la nervure 4, la quadricomposition ; la foliole 5, la quinticomposition. C'est arriver au même résultat par une méthode inverse. Ici, nous partons de l'ensemble pour arriver à l'unicomposition formée par les trois folioles 5, *fig.* 11. Auparavant, nous étions parti de l'unicomposition représentée par les trois folioles 1, *fig.* 10, pour arriver à la quinticomposition de l'ensemble.

Tous les degrés de composition, d'après cette théorie, se retrouvent exactement dans un grand nombre de feuilles de familles diverses.

L'*unicomposition* est représentée par les feuilles des *Trifolium*, *Fragaria*, *Medicago*, *Phaseolus*, etc.

La *bicomposition* se présente très-exceptionnellement chez les *Rubus;* quelquefois chez le *Clematis vitalba*, toujours nettement chez l'*Imperatoria ostruthium*, *fig.* 12, et l'*Ægopodium podagraria*.

La *tricomposition* est presque complète chez le *Critmum maritimum*, *fig.* 13, et parfaite dans l'*Actæa spicata;* les *Epime-*

dium macranthum et *alpinum*, *fig.* 14 (1) ; l'*Aquilegia vulgaris;* l'*Ampelopsis bipinnata;* les *Thalictrum minus*, *exaltatum glaucum*, etc.; le *Hotteia japonica*, etc.

La *quadricomposition* commence chez les *Aquilegia* par des lobes plus ou moins prononcés sur les folioles ; elle se retrouve chez le *Laserpitium siler*, *fig.* 15, le *Nandina domestica*, le *Pæonia tenuiflora*, le *Myrrhis odorata*, le *Silaus pratensis*, le *Peucedanum involucratum*, *fig.* 16, etc.; et nettement dans le *Thalictrum alpinum*. Pl. III.

La *quinticomposition* se rencontre chez quelques Ombellifères : de ce nombre sont le *Ligusticum pyrenæum*, le *Ferula tingitana*, *fig.* 17, l'*anthriscus fumarioïdes*, etc.

Dans les trois premières compositions et même dans la quatrième représentée par le *Thalictrum alpinum*, on peut constater l'application parfaite du principe de la trisection ; mais à mesure que la composition des feuilles se complique on doit s'attendre à trouver des perturbations dans l'ordre d'après lequel doivent se former les diverses parties de la feuille composée, soit par excès ou par défaut d'exastosie (2), soit peut-être par cause d'avortements de certaines parties. Voilà pourquoi les exemples de quadri et de quinticomposition parfaites sont assez rares.

Cependant, à part l'état de perfection que l'on ne rencontre que dans quelques cas rares des trois ou quatre premières compositions, la quadri et la quinticomposition sont assez fréquentes, seulement elles se confondent souvent avec des compositions inférieures. Par exemple il est fréquent de voir la tricomposition passant à la quadricomposition par des lobes plus ou moins prononcés sur les folioles ; telles sont les feuilles de Persil, de Cerfeuil, de *Pæonia fœmina*, etc. De même on rencontre fréquemment des exemples de quadricomposition passant à la quinticomposition pour les mêmes causes : de ce nombre sont les feuilles de *Peucedanum involucratum*, *fig.* 16, de *Silaus pratensis*, de *Melopospermum cicutarium*, d'*Anthriscus sylvestris*, etc. Enfin la quinticomposition passe parfois aussi à la *secomposition* par les lobes ou les subdivisions des folioles de cinquième ordre

(1) Cette figure est copiée sur celle que Ach. Richard a reproduite dans ses *Nouveaux éléments de botanique*. Paris, 1838, p. 233.

(2) Voir ces phénomènes dans le premier volume de notre *Phytomorphie*.

dans le *Melopospermum cicutarium*, et dans le *Ferula tingitana*, *fig.* 17, chez lequel on retrouve encore les traces d'une septième composition exprimée en 7 par un lobe plus ou moins marqué.

Pour peu que l'on étudie avec soin la marche de ces diverses compositions, on acquiert la certitude, malgré la variabilité des dernières compositions, que les feuilles se composent bien d'après le principe de la trisection, d'ailleurs si parfaitement justifié par les exemples si nets des trois premières compositions.

Nous venons de dire que l'exastosie par excès ou par défaut et les avortements pouvaient avoir une très-grande part dans la manière dont la nature a déguisé le principe de la trisection, et cela est si vrai, qu'il serait tout à fait impossible de le reconnaître dans certaines feuilles que nous allons examiner. Mais en tenant compte de ces causes, on démontre aisément que le principe y existe encore et que, par conséquent, il est plus général qu'on aurait pu le supposer. Pour cela, il nous faut revenir sur la tendance des feuilles simples et entières à la trisection.

En examinant attentivement une série de feuilles des *Morus alba*, *italica*, *intermedia*, ou de Figuier, ou de *Broussonetia papyrifera*, ou d'*Hedera helix*, on remarque qu'il y a des feuilles simples et entières et des feuilles fort diversement lobées.

En étudiant la constitution de la feuille du *Morus alba*, dans sa plus grande intégrité, on la voit formée d'une nervure médiane continuant le pétiole et de nervures latérales dont chaque dent bordant le limbe recevra un filet. Parmi les nervures latérales, il en est quatre qui semblent secondairement partir du sommet du pétiole; mais si l'on recherche avec attention dans un grand nombre de feuilles la signification de ces nervures, on ne tarde pas à reconnaître que la nervure 1, *fig.* 18, représente le rachis; la nervure 2, une nervure secondaire, et la nervure 3 une nervure tertiaire; car souvent elle n'existe pas sur certaines feuilles, ou, quand elle existe réellement, elle émerge de la nervure 2. Cette nervure tertiaire émet une autre nervure d'un ordre plus élevé, et celle-ci une autre nervure d'un ordre plus élevé encore, si bien qu'en ne considérant que les nervures d'une feuille simple, on arrive à découvrir le degré probable de sa composition en supposant que le tissu cellulaire ne fût juste qu'en quantité nécessaire pour recouvrir les dernières petites nervures et en former des petites folioles. D'où cette conséquence importante pour la théorie des feuilles :

Une feuille simple ou entière n'est qu'une feuille plus ou moins composée, mais dont le tissu cellulaire ou parenchyme a envahi les intervalles qui existent entre toutes les nervures.

Les feuilles dites *Cancellées*, telles que celles de l'*Hydrogeton fenestralis* (1), quoique privées de parenchyme, et par conséquent réduites à leurs nervures, n'en sont pas moins simples ou entières, parce que toutes ces nervures sont anastomosées et forment ainsi un tout continu.

Ceci posé, il arrivera fréquemment que ce parenchyme venant à manquer plus ou moins, on trouvera aisément le passage d'une feuille simple à une feuille plus ou moins composée, et les exemples que nous choisissons sont destinés à nous en fournir la preuve. Ainsi, la *fig.* 18, A, représente une feuille simple du *Morus alba*. Le premier degré de tendance à la trisection se présente sous la forme d'un seul lobe latéral représenté *fig.* 19, A, et qui s'est produit sur une autre feuille de la même tige. Dans ce cas, le principe de la trisection est dissimulé par défaut d'exastosie du côté où la feuille est restée sans produire le lobe. Ce qui prouve bien que ce n'est qu'un défaut d'exastosie qui a masqué le principe, c'est que sur le même axe on trouve des feuilles parfaitement trilobées par la formation de deux lobes latéraux, *fig.* 20, A. Ainsi le principe de la trisection ne peut être mis en doute dans l'exemple de la feuille entière passant à la feuille trilobée. Mais nous disons maintenant que chacun de ces lobes est lui-même susceptible de subir l'influence du principe de la trisection, et dans ce cas former une feuille plus lobée. Nous commençons par observer que dans la feuille trilobée la nervure médiane se continue dans le lobe moyen, et que les deux principales nervures latérales ou nervures secondaires, 2, *fig.* 18, A, deviennent les nervures principales des lobes latéraux de la feuille représentée *fig.* 20.

Maintenant, sur la même tige du *Morus alba*, on rencontre des feuilles d'un degré de composition plus élevé qui vont nous présenter deux sortes d'observations très-importantes.

A. En effet, en commençant par l'examen du lobe supérieur

(1) Turpin, *Icon. vég.*, tabl. 8, *fig.* 5.

ou primaire lp, *fig.* 21, A, nous le voyons subir les mêmes modifications que la feuille entière examinée tout à l'heure ; de sorte qu'en supposant qu'il se fît, de chaque côté de ce lobe, un lobe secondaire semblable à celui qui est représenté en l s', on aurait un lobe supérieur à trois lobes, lesquels, avec les deux inférieurs que nous avons reconnus dans l'exemple ci-dessus, *fig.* 20, A, formeraient une feuille quintilobée. Dans ce cas, les cinq lobes seraient évidemment formés par la nervure médiane et *quatre nervures secondaires.* Voilà donc une feuille à cinq lobes formée d'une première façon (*formation essentiellement longitudinale*).

B. Supposons, au contraire, que le lobe supérieur reste sans divisions à l'état de lobe entier, tandis que le lobe secondaire, ls, subira un commencement de section en lt, pour former un lobe tertiaire, comme cela se présente le plus fréquemment, il en résultera, si le phénomène se produit des deux côtés, deux nouveaux lobes qui, avec le lobe supérieur lp, supposé sans divisions, et les deux lobes secondaires ls, *fig.* 21, une feuille à cinq lobes, mais dont la formation sera différente de la précédente (*formation essentiellement latérale*).

On peut faire une semblable observation sur une série de feuilles du *Tithonia tagetiflora*, *fig.* 18 B, 19 B, 20 B et 21 B, dans lesquelles non-seulement on voit le passage de la feuille simple, *fig.* 18, B, à la feuille latéralement quintilobée, *fig.* 21, B, mais encore on reconnaît parfaitement, par les nervures principales qui se rendent dans les lobes latéraux, que les deux premiers lobes appartiennent à des nervures secondaires, tandis que les deux derniers lobes formés ont des nervures médianes émergeant des nervures secondaires, et sont par conséquent des nervures tertiaires, ce qui est très-important à constater pour la recherche du principe de la trisection dissimulé, et dont nous nous occuperons plus loin. (Art. II.)

Pour mieux faire saisir encore la vérité de ces deux origines, nous allons choisir d'autres exemples qui nous permettront en même temps de pouvoir en déduire la composition de toutes les feuilles.

La feuille du Figuier se présente d'abord, sur le jeune axe, Pl. IV. sous la forme indiquée en 1, *fig.* 22; puis indiquant, en 2, une légère disposition à la trisection qui devient plus apparente en 3, et qui est très-marquée en 4.

Sur le même axe on rencontre des feuilles trilobées et des feuilles multilobées, *fig.* 23, 24, 25. La feuille *fig.* 23 est déjà un peu plus composée qu'en 4, *fig.* 22, car on y constate cinq lobes comme en 1 ou sept lobes comme en 2. Dans la feuille représentée *fig.* 24, nous trouvons neuf lobes bien accusés et onze dans la *fig.* 25. Cherchons à nous rendre compte de la formation de tous ces lobes afin de connaître leurs origines.

La feuille du Figuier, *fig.* 22, d'entière qu'elle est en 1, se divise d'après le principe de la trisection et forme en premier lieu la feuille trilobée 4 : donc *lp* est un lobe primaire et *ls* un lobe secondaire; ce qui est évident. La feuille quintilobée 1, *fig.* 23, présente bien aussi un lobe primaire *lp* et un lobe secondaire *ls*; mais nous ne savons pas encore l'origine du lobe *lt*; car si nous examinons les figures 24 et 25, nous trouvons successivement des lobes primaires en lp et des lobes secondaires en *ls*, *ls'*, *ls''* et d'après ces exemples nous serions tenté de regarder le lobe *lt* de la feuille quintilobée 1, *fig.* 23, comme l'analogue du lobe *ls'*, *fig.* 24 et 25. Il n'en est rien, cependant, et voilà pourquoi.

Dans la feuille quintilobée en question, le lobe secondaire *ls* a subi l'influence du principe de la trisection et le lobe *lt* a pris naissance sur ce lobe secondaire; d'où il suit que ce nouveau lobe est un lobe tertiaire, et s'il n'y en a pas un second au côté opposé, cela tient à ce que l'exastosie ne s'est pas produite dans l'exemple cité; mais si l'on observe la feuille, *fig.* 25, on voit que le lobe secondaire ls'' a subi l'influence de la trisection de chaque côté et a produit en lt et lt' de nouveaux lobes qui tous deux sont de troisième formation.

On nous objectera, peut-être, qu'il y a alors une certaine difficulté à distinguer, par exemple, le lobe tertiaire *lt'*, *fig.* 25, du lobe secondaire ls', *fig.* 24. Il semble, en effet, au premier abord, que ces deux lobes doivent être regardés comme étant de même ordre, mais il y a deux moyens de s'en assurer.

1° Le premier qui nous paraît moins certain que l'autre et qui semblerait au contraire l'être davantage, consiste dans l'examen de la nervure moyenne du lobe. Si cette nervure paraît sortir de la nervure moyenne du lobe secondaire, cette nervure tertiaire, nt, donnera lieu, évidemment, au lobe tertiaire lt′, *fig.* 25. Si, au contraire, elle paraît sortir de l'axe primaire nt, *fig.* 23, elle pourra donner naissance à un lobe secondaire ou à un lobe tertiaire. Ce sera un lobe secondaire si ce lobe ne se trouve pas dans les conditions du second moyen que nous avons de nous assurer de son origine. Dans le cas contraire, ce sera un lobe de troisième formation, par la raison que la nervure tertiaire, nt, *fig.* 23 et 25, prenant naissance à la base de la nervure secondaire, comme son opposée, peut très-bien rester unie à la nervure primaire jusqu'à une certaine hauteur et *émerger de celle-ci*, de façon à faire croire à une nervure secondaire quand elle doit être regardée comme étant de troisième ordre. Ainsi, selon nous, le lobe *lt′*, *fig.* 23, nous paraît être un lobe de formation tertiaire, tandis que le lobe ls′, *fig.* 24, nous semble être de formation secondaire, quoique dans l'un ou l'autre cas nous voyions leur nervure médiane émerger de la nervure principale. Il fallait donc trouver un autre caractère, plus infaillible, pour nous dévoiler la véritable origine de ces deux sortes de formation, et c'est ici que l'application de notre première loi intervient avec efficacité. Le suivant nous paraît donc être de nature à lever tous nos doutes à cet égard.

2° Nous avons dit, plus haut, que les sinus des lobes d'une formation de même ordre étaient d'autant plus profonds ou voisins des nervures, qu'ils étaient pris plus bas sur les nervures ou considérés entre des lobes de plus ancienne formation (première loi), et cette vérité incontestable pour les feuilles de la forme L=l, peut servir, ici, à nous faire connaître quand nous avons affaire à un lobe de seconde ou de troisième composition.

En effet, si les sinus S, S′, S″, *fig.* 24, sont d'autant plus voisins de la nervure primaire qu'ils sont considérés plus bas sur la feuille, d'après ce que nous venons de dire, les lobes ls, ls′, ls″ sont de première composition. Donc de ce que les sinus S, S′, S″ de la feuille, *fig.* 25, sont d'autant plus voisins de la nervure primaire qu'ils sont considérés plus bas sur cette nervure, nous en concluons que ls, ls′, ls″ sont de première composition. Mais le sinus S^2, *fig.* 25, qui semble placé plus bas sur la nervure principale, s'écarte seul de la règle en ce qu'il est plus éloigné de cette nervure que le sinus S′; par conséquent le lobe qui est intermédiaire aux sinus S', S² n'appartient pas à la même composition que les lobes ls, ls', ls'' et ne peut appartenir qu'à une seconde composition; ce qui du reste, ici, est encore démontré par la nervure médiane qui émerge de la nervure secondaire. Conséquemment, les lobes lt', *fig.* 23 et 25, ont une origine différente de ls', *fig.* 24, et sont de deuxième composition; tandis que le lobe ls', *fig.* 24, est de première composition.

En général, ce sont les deux lobes secondaires qui, en donnant naissance chacun à un lobe tertiaire, déterminent la forme des feuilles quintilobées. Cependant on observe quelques exceptions à cet égard, car nous avons trouvé des feuilles de Lierre (*Hedera helix*) quintilobées par deux lobes surnuméraires appartenant au lobe supérieur, *fig.* 26, et ce mode de division doit être assez fréquent si l'on en juge par le mode de formation de certaines feuilles quintifoliolées. Ainsi, tandis qu'un certain nombre de feuilles se composent *latéralement* (Quintefeuilles), il en est d'autres qui se composent *longitudinalement;* c'est-à-dire que c'est la foliole terminale qui fait toujours les frais de la composition, ainsi que l'on peut s'en assurer en étudiant un certain nombre de feuilles du *Rubus Idæus,* chez lesquels on trouve toutes les formes intermédiaires, depuis la feuille simple plus ou moins trilobée jusqu'à la feuille quintifoliolée; et l'on remarque que tandis que la foliole supérieure se présente fréquemment trilobée ou plus ou moins triséquée, les folioles inférieures ou secondaires présentent rarement cette tendance à la trisection. Nous serons d'ailleurs forcé de revenir sur cette génération, afin de bien démontrer l'importance qu'elle a dans la composition générale des feuilles.

C'est de cette façon qu'il faut interpréter la formation des feuilles composées des Légumineuses (à l'exception de celles des Lupins), et de beaucoup de celles des Rosacées. La composition se fait donc, ici, par le sommet ou par la foliole primaire qui subit successivement le principe de la trisection, ce qu'il ne faut pas perdre de vue; car elle est une cause d'exception à notre deuxième proposition de l'énoncé du principe de la trisection. Là, en effet, le principe est des plus manifestes, et cependant la feuille n'est pas toujours composée suivant un multiple de 3.

D'ailleurs nous verrons bientôt que c'est organogéniquement

la manière dont se fait la composition des feuilles dites *composées*.

Enfin il y a certaines feuilles qui réunissent isolément les deux genres de composition latérale et longitudinale, et parmi elles nous citerons la curieuse feuille du *Cussonia spicata*, *fig*. 27. Dans cette feuille nous trouvons une première composition latérale formée par 7 folioles disposées les unes à côté des autres à la manière des Potentilles quintefeuilles, et offrant quatre sortes de formes : en 1, une foliole simple ; en 2, une foliole triséquée ; en 3, des folioles quintiséquées. Or, on peut remarquer que la foliole simple s'est composée par trisection, en 2 ; mais les trois folioles composées 2' sont différentes de la foliole 2 par leurs foliolules ternées dont les deux inférieures sont en forme d'ailes; de sorte qu'en considérant la manière dont se sont faites les folioles quintiséquées, 3, on reconnaît que c'est la foliole supérieure qui s'est tridivisée. Donc cette singulière feuille réunit à elle seule les deux systèmes de génération que nous ferons plus amplement connaître dans notre second article.

SECTION II. — FEUILLES DE MONOCOTYLÉDONES.

Les feuilles des monocotylédones sont le plus souvent simples, et chez elles, par conséquent, il pourrait être difficile de démontrer l'application du principe de la trisection. Les seules feuilles à peu près composées sont celles des Palmiers ; mais, d'une part, nous n'avions pas entre les mains de sujets qui pussent nous permettre d'étudier organogéniquement la formation des folioles de leurs feuilles, et, d'un autre côté, les feuilles sont formées de folioles qui offrent quelque chose d'insolite dans leur épanouissement. On croyait même que ces folioles ne se produisaient que par des déchirures ; mais les observations de M. Hugo Mohl ont démontré que chaque foliole n'était, dans le principe, uni à sa voisine que par une sorte de duvet qui cédait à l'accroissement de la feuille, ce qui permettait aux folioles de se séparer. Au reste, ce sont plutôt des divisions latérales que de vraies folioles, car la base de ces folioles est fortement et largement attachée au rachis. On ne peut donc guère tirer de conséquence de cette composition relativement au principe de la trisection.

Toutefois, nous verrons, plus tard, que les feuilles dites penninerves des *Phœnix*, des *Areca* (1), etc., et celles palminerves des *Chamœrops, Rhapis flabelliformis, Latania, Corypha,* Doum de la Thébaïde (2), etc., sont exactement constituées d'après les deux principaux systèmes de la formation des feuilles, d'où l'on pourrait peut-être déjà en conclure qu'elles n'échappent pas au principe de trisection.

D'ailleurs ce principe se trouve pour ainsi dire écrit dans la forme triangulaire ou sagittée de la feuille de la Fléchière, celle des *Arum vulgare*, *italicum*, etc., et surtout des *Arum triphyllum*, *ternatum*, etc., *Sagittaria trifolia*, etc.

Les feuilles des *Smilax*, en particulier du *Smilax aspera*, sont réellement formées de trois folioles; mais deux des folioles ont été transformées en vrilles latérales qui dissimulent l'application du principe de la trisection (deuxième proposition). Enfin chaque feuille non transformée présente encore une forme qui laisse entrevoir une tendance à la trisection, dans le *Smilax mauritanica*, *fig*. 28, 1, par la formation de sa feuille en cœur dont les deux oreilles bb', fortement accusées par les courbes rentrantes latérales ab' et l'échancrure c, font de bb' comme deux lobes qui seraient arrondis à leur sommet. Cette tendance est bien plus prononcée encore dans la feuille du *Dioscorea Batatas*, *fig*. 28, 2, dans laquelle non-seulement on voit, en b, un angle plus prononcé que dans la figure précédente, mais en c, comme une sorte de commencement de trisection du lobe b.

On peut donc dire que le principe de la trisection offre quelques traces de son influence dans les feuilles de monocotylédones où l'exastosie circulaire se prononce moins que dans les autres embranchements du même règne.

SECTION III. — FEUILLES D'ACOTYLÉDONES.

Les feuilles des plantes acotylédones, contrairement à celles des monocotylédones, se montrent plutôt plus ou moins divisées ou composées qu'entières ou simples, et chez elles la tendance à la trisection est des plus manifestes. En effet, si nous voyons les

(1) De Candolle, *Organ. vég.*, pl. 27, et Turpin, *Icon. vég.*, tabl. 10, *fig*. 7.
(2) Turpin, *Icon. vég.*, tabl. 10, *fig*. 8.

feuilles (Frondes) simples dans les *Ophyoglossum*, certains *Acrostichum* et *Pteris*, le *Scolopendrium officinale*, etc., on trouve aussi des feuilles pinnatifides dans les *Polypodium vulgare*, *Ceterach officinarum*, etc.; des feuilles bipinnatifides dans les *Osmunda regalis*, *Struthiopteris germanica*, *Nephrodium filix mas*, *Aculeatum*, etc.; et des feuilles tripennées dans les *Polypodium Dryopteris*, *Diplazium filix fœmina*, *Nephrodium dilatatum*, *cristatum* et autres. Il est donc facile de s'assurer, pour ces plantes, que la division de leurs feuilles ne se fait qu'en vertu du principe de la trisection. Analysons le phénomène dans les feuilles de cet embranchement du règne végétal.

Remarquons d'abord que bien souvent les feuilles considérées comme les plus simples peuvent accuser une trace du principe de la trisection; par exemple, la feuille du *Scolopendrium officinale*,
Pl. V. *fig.* 29, doit évidemment être regardée par tout le monde comme une feuille entière et parfaitement simple; cependant, de ce que la feuille est fortement échancrée en cœur à sa base, nous avons réellement en b et b' un commencement de trisection; car ces deux lobes qui semblent continuer la feuille du haut en bas sont tout à fait les analogues des lobes b, b' et b (2) dans les *fig.* 28 (1 et 2) de *Smilax* et de *Dioscorea batatas*, et nous en trouvons deux preuves manifestes :

1° D'abord dans les nervures groupées qui, partant à peu près d'un même point, vont en divergeant dans les différentes parties des deux lobes;

2° Ensuite, parce qu'il n'est pas rare de trouver vers les extrémités de ces lobes des fructifications qui ne sont évidemment pas la continuation de la série descendante des autres fructifications de la fronde. Or ces fructifications inférieures indiquent deux centres de générations latérales qui, avec le plexus des nervures sus-mentionnées, démontrent que b et b' doivent être regardés comme le sommet de l'extrémité de deux lobes secondaires peu accusés d'une feuille qui a subi l'influence de la trisection.

Mais c'est surtout l'exemple offert par l'*Onoclea sensibilis*, *fig.* 30, 30 *bis*, 30 *ter*, qui pourra le mieux justifier l'application du principe de la trisection aux feuilles des acotylédones.

Si nous recherchons la forme des premières feuilles de la jeune plante, nous les trouvons simples avec de légères échancrures

sur son pourtour, de façon à simuler un commencement de lobes plus prononcés en b, *fig.* 30. Ces lobes b, avec l'ensemble du système a, d, c, constituent une première tendance à la trisection rendue bien manifeste dans la *fig.* 30 *bis* par un plus grand développement, et dans laquelle a, e, d, c représentent l'ensemble des gibbosités a, d, c, de la *fig.* 30, en même temps que b en représente le lobe plus développé. De plus, dans la feuille plus avancée, 30 *bis*, c a pris un plus grand développement ainsi que l'autre élément d, et même il s'est formé un élément de plus en e. Chacun de ces éléments, par les progrès de l'accroissement, donneront lieu à une foliole, ainsi qu'on peut très-bien le voir dans la *fig.* 30 *ter*, où les mêmes lettres expriment les mêmes parties. Mais comme la feuille a continué son accroissement, il en est résulté deux autres éléments surnuméraires f et g qui, dans une feuille plus avancée encore, donneront lieu à deux autres folioles.

Ainsi, ce qu'il faut observer dans la formation de cette fronde, c'est que dans son plus grand état de simplicité la feuille tend à se triséquer pour former la feuille 30 *bis;* puis les lobes b formés, la foliole supérieure, considérée comme simple, tend aussi à se triséquer pour former la foliole c, *fig.* 30 *ter;* puis la foliole supérieure tend encore à se triséquer pour former la foliole d, et ainsi de suite; de sorte qu'ici c'est toujours la foliole terminale qui subit l'influence du principe de la trisection, pour donner naissance à de nouvelles folioles.

Enfin chaque foliole elle-même subit plus ou moins l'influence de ce même principe, et c'est à lui que l'on doit cette succession d'ondulations que l'on observe sur le pourtour des folioles b, c, d, de la *fig.* 30 *ter*, ondulations qui, dans quelques cas, constitueraient des foliolules ou folioles de deuxième génération dont une se trouve assez fortement accusée en b', *fig.* 30 *bis*. On conçoit comment ces foliolules ou folioles de deuxième génération, subissant elles-mêmes l'influence du principe de la trisection, arrivent à constituer les frondes bipennées ou tripennées des fougères susmentionnées.

Ainsi nous sommes convaincu que le principe de la trisection est assez général pour que l'on puisse reconnaître son influence dans les feuilles ou les parties des feuilles appartenant aux trois grands embranchements végétaux. Mais, pour compléter cette série d'observations, et voir d'ailleurs si réellement la nature suit la marche que nous venons d'indiquer dans la composition des feuilles, nous avons dû faire quelques recherches organogéniques sur les feuilles composées. Nous ne rapporterons ici que trois exemples de cette formation, persuadé qu'ils suffiront pour justifier les faits que nous venons d'avancer, et qu'ils feront mieux comprendre, en même temps, la marche successive de la trisection pendant la composition longitudinale. Les feuilles du *Cobea scandens*, du Jasmin et du Persil sont celles que nous avons choisies pour servir à la démonstration organogénique du développement des feuilles selon le principe de la trisection.

SECTION IV. — ÉTUDES ORGANOGÉNIQUES DESTINÉES A DÉMONTRER LE PRINCIPE DE LA TRISECTION DANS LA COMPOSITION DES FEUILLES.

En détachant avec soin les feuilles de plus en plus petites d'un bourgeon ou d'un axe en voie d'accroissement, on arrive à trouver une série de feuilles à différents états de développement, et qui permettent parfaitement de se rendre compte de la manière dont une feuille simple à l'origine arrive à se composer pour offrir la forme que nous lui reconnaissons. Nous avons reproduit, *fig.* 31, une série de feuilles prises sur le *Cobea scandens :*

On voit, en 1, le mamelon arrondi de la feuille qui va se composer;

En 2, la feuille a commencé à s'allonger. Nous l'avons appelée A, dans ces deux exemples, pour faire voir que c'est elle qui se trisèque, et qu'à mesure que la trisection se produit la partie A est toujours terminale, et que c'est toujours elle qui se trisèque.

Ainsi, 3 représente la jeune feuille vue de profil, et émettant un petit mamelon, a, qui est l'origine d'une foliole, A étant le mamelon de la foliole terminale;

4, représente le profil d'une feuille plus avancée, dans laquelle on reconnaît en *a* le rudiment d'une foliole, et A de la figure précédente a formé un nouveau mamelon, b, supérieur, qui est l'origine d'une seconde foliole;

A, restant toujours terminal, on le voit, en 5, indépendamment des folioles a et b, produire encore en c un rudiment de foliole; l'élément A reste toujours terminal; il ne produira plus de mamelons à folioles, mais des mamelons à vrilles, qui se trouvent indiqués en d et e, dans la *fig.* 6, et alors A terminal finit lui-même par se transformer en vrille.

Dans cette *fig.* 6, les mamelons a, b, c, ont pris un plus grand développement, et ont presque la figure d'une foliole, mais conservant encore de larges points d'adhérence à leur base.

Enfin, dans la *fig.* 7, on voit la feuille plus développée et les folioles plus complétement séparées les unes des autres. Comme les feuilles sont pliées dans le sens de leur longueur, nous avons reproduit leur profil, afin de ne pas dénaturer leur manière de se présenter sous le microscope. De ce qui précède, on reconnaît que c'est toujours la partie terminale qui subit l'influence du principe de la trisection pour composer la feuille du *Cobea*.

Les feuilles du *Jasminum officinale* vont donner lieu à de semblables observations :

En 1, *fig.* 32, A, représente le mamelon foliaire;

En 2, il s'est considérablement allongé;

En 3, il s'est triséqué en donnant de chaque côté un petit mamelon, a, origine de la première paire de folioles;

En 4, le mamelon terminal A, très-allongé, indépendamment de la première paire, a, a donné par trisection une seconde paire de mamelons b, origines de la deuxième paire de folioles qui se trouve surmontée par le mamelon allongé A;

En 5, indépendamment des paires de mamelons, a et b, le terminal, A, a donné une troisième paire de mamelons, c, qui se trouve toujours surmontée par le mamelon A;

En 6, nous avons représenté la feuille plus avancée en âge et pliée dans sa longueur. C'est ordinairement là que s'arrête la trisection pour cette plante. L'accroissement ne porte plus que sur les parties formées sans les diviser davantage. On voit donc, là aussi, que c'est toujours le mamelon terminal, origine de la foliole terminale, qui se trisèque successivement pour donner des paires de folioles, qui sont d'autant plus nouvellement formées qu'elles sont observées plus haut sur le rachis. On voit de plus que la génération des folioles se fait toujours en s'élevant sur le rachis. Nous donnons à ce mode de formation de la feuille le nom de *système de génération longitudinale*, pour le distinguer de plusieurs autres systèmes que nous étudierons dans l'article suivant.

Les résultats que nous venons d'obtenir au moyen des observations organogéniques s'obtiennent beaucoup plus facilement et avec tout autant de certitude en suivant une autre méthode appliquée de deux manières.

1° En suivant la marche de la composition de certaines feuilles, à partir de la germination jusqu'au moment où la feuille est le plus composée. C'est ce que nous avons déjà indiqué au commencement de cet article, en parlant de certaines Rosacées ou Légumineuses. Mais un exemple détaillé de la méthode fera mieux comprendre les analogies qui existent entre les résultats de cette méthode et ceux qui sont obtenus par la méthode organogénique. Par exemple, si nous suivons la croissance du Pavot, nous voyons d'abord paraître deux cotylédons simples; puis deux feuilles simples aussi; à ces feuilles succèdent deux feuilles lobées seulement d'un côté; puis viennent deux ou trois feuilles franchement trilobées; ensuite deux feuilles quintilobées; puis deux feuilles septemlobées; enfin les feuilles sont d'autant plus lobées longitudinalement que, jusqu'à un certain point, on les observe plus haut sur l'axe.

2° On arrive encore à un résultat tout à fait analogue en suivant la marche de la composition de certaines feuilles à partir du bourgeon, surtout quand l'observation porte sur plusieurs individus de même espèce. Ainsi, dans les Rosiers, le Jasmin, etc., on trouve d'abord des écailles simples; celles-ci sont suivies d'autres écailles affectant mieux l'apparence de petites feuilles simples; les feuilles qui viennent ensuite sont trifoliolées, puis quintifoliolées; enfin plus haut elles sont septemfoliolées ou même plus composées si la feuille comporte une plus grande composition.

3° Il y a mieux; c'est que, dans la plupart des cas, il est possible d'arriver à des résultats analogues en suivant une méthode diamétralement opposée aux deux dernières. En partant, en effet, de la feuille la plus composée, chez les Ombellifères par exemple, on les voit, à mesure que l'on s'élève sur l'axe florifère, se simplifier de plus en plus, jusqu'à ce qu'elles soient revenues à leur plus grand état de simplicité. Malheureusement, nous n'avons pas pu suffisamment vérifier cette méthode, que nous croyons exacte et générale, mais que pourtant nous ne donnons aujourd'hui qu'avec certaines réserves.

Il résulte de ce que nous venons de dire, que, pour vérifier le principe de la trisection dans la composition des feuilles, on peut à volonté :

1° Prendre sur un même individu une série de feuilles déjà développées, mais offrant diverses formes, comme cela a lieu dans les *Morus*, *Rubus*, *Clematis*, etc. ;

2° Suivre le développement organogénique des feuilles ;

3° Suivre les progrès de la composition croissante des feuilles, à partir de la germination ;

4° Suivre la marche croissante de la composition des feuilles, à partir du bourgeon ;

5° Suivre la décroissance de la composition des feuilles, à partir de la plus composée jusqu'au fruit.

L'étude organogénique des feuilles est d'autant plus difficile à faire que les feuilles sont plus composées, par la raison qu'il y a des avortements, des balancements organiques ou des défauts d'exastosie, toutes causes qui viennent plus ou moins dénaturer les phénomènes subordonnés au principe de la trisection.

Cependant, si l'on suit avec assez de patience, et en sacrifiant un grand nombre de pieds, la composition croissante des feuilles du Persil, on ne tarde pas à acquérir la conviction que la composition des feuilles de cette plante se fait comme nous allons l'indiquer.

Soit la série de formes 1, 2, 3, 4, 5, 6, 7, *fig.* 33. Voici ce qu'elles représentent :

En 1, le mamelon foliaire à sa naissance ; il est sous-arrondi. Nous lui donnons la lettre *a*, pour que l'on puisse suivre dans les autres figures les trisections successives qu'il subira.

En 2, le même mamelon allongé, turbiné et formant une feuille simple.

En 3, le même mamelon qui s'est trifidé et dans lequel, *a*, toujours l'analogue de la figure 2. *b*, a pris naissance et va devenir la source d'un nouveau système de trisection, comme en *b*, *fig.* 5, 6 et 7 (Première foliole composée).

En 4, a, de la figure précédente, s'est de nouveau trifidé, après avoir produit *b*, car *b* ne se trifidera que lorsque *a* aura formé une nouvelle trifidation *b'*, qui sera la source d'un nouveau système de trisection (Deuxième foliole composée).

En 5, a, après avoir formé *b'*, présente à son sommet un commenmencement de trifidation; *b'* reste entier, mais *b* commence aussi à se trifider par la formation de deux petits obes, qui sont l'origine d'un nouveau système de trisection (Troisième foliole composée).

En 6, *b* commence à se détacher de l'ensemble en même temps que *a*, après avoir formé *b'*, se trifide aussi fortement que *b* est lui-même trifidé.

En 7, la trisection marche toujours de plus en plus, et, afin de la suivre plus clairement, nous avons reproduit plus en grand, *fig.* 33 *bis*, la *fig.* 33, 7.

Dans cette *fig.* 33 *bis*, on voit par les lettres correspondantes aux diverses parties des autres figures, que *a*, après avoir successivement produit par trisection ou trifidation *b*, *b'*, *b''*, tend à produire *b'''*; mais b', encore simple en 6, s'est trifidé en même temps que *b* s'est deux fois trifidé; la première pour former c, et la seconde c'.

En continuant l'application du même principe de la trisection aux éléments b'', b''', c et c', ainsi qu'aux nouveaux éléments qui se forment dans la feuille de plus en plus avancée en âge, on arrive à la feuille entière du Persil, *fig.* 9, pl. II, dans laquelle les mêmes lettres expriment les mêmes parties, et où l'on voit en même temps que *b*, de plus ancienne formation, occupe la base de la feuille et se compose proportionnellement de la même façon que le système tout entier qui est placé au-dessus de lui, et comprenant les folioles composées b' b'' b''' b^{iv} b^{v}, etc. (Voir aussi *fig. théorique* 10.)

On peut observer aussi le fait suivant : de ce que c'est toujours *a* ou le lobe terminal qui produit le nouvel élément qui formera la foliole composée, il s'ensuit que dans la feuille du Persil, comme dans celles de *Cobea* et de Jasmin, la *génération* est *longitudinale;* mais aussi de ce que *b* forme aussi une suite d'éléments capables de former les foliolules c, c', c'', etc., il s'ensuit qu'il y a aussi une génération longitudinale dans une *génération latérale* sur laquelle nous reviendrons prochainement en parlant de la classification méthodique des feuilles.

L'ensemble de toutes ces observations conduit à ces trois lois générales d'organogénie foliaire :

1re loi : *Les feuilles les plus composées représentent dans leurs divers états d'évolution organogénique toutes les feuilles qui dérivent du système où l'on observe cette évolution.*

Ainsi, il y a des feuilles appartenant aux deux systèmes de générations longitudinale et latérale qui se bornent, mais plus développées, à la forme 2 de la *fig.* 33 ; d'autres qui sont simplement trifides, tripartites ou triséquées, 3; d'autres composées comme en 4 ; d'autres comme en 5, ou en 6, ou en 7 ; d'autres qui se composent de plus en plus, et qui arrivent enfin à avoir des feuilles qui vont jusqu'à la septième et même la huitième puissance de la trisection, et la seule famille des Ombellifères réunit à elle seule tous les degrés de composition que nous venons d'indiquer.

2e loi : *Dans la même espèce à feuilles composées, et souvent sur le même individu, à partir du moment de la germination jusqu'au moment où la feuille est la plus composée, on peut retrouver des feuilles représentant tous les états d'évolution organogénique.*

L'Angélique ou le Persil peuvent nous donner des exemples de l'application de cette loi. En effet, les cotylédons représentent une feuille dans son plus grand état de simplicité ; quelquefois ces cotylédons se trisèquent et représentent le second état organogénique ; les feuilles primordiales de l'Angélique sont ordinairement triséquées, et le Persil présente parfois des feuilles primordiales qui ne sont pas plus avancées en composition. Les feuilles suivantes sont un peu plus composées ; il en est qui offrent la composition des *fig.* 5 ou 6, et ce n'est qu'après des compositions progressives que l'Angélique ou le Persil arrivent à avoir des feuilles composées comme nous sommes habitués à les voir.

3e loi : *Dans la même espèce à feuilles composées, à partir des feuilles les plus composées jusqu'au fruit, les feuilles présentent,* en sens inverse de la loi précédente, *tous les états d'évolution organogénique.*

C'est ce qui résulte de l'examen de la cinquième méthode de recherches sur l'application du principe de la trisection.

Un corollaire des deux dernières lois peut être exprimé ainsi : *Dans la même espèce à feuilles composées, à partir de la racine jusqu'au fruit, les divers degrés de composition des feuilles sont comme les ordonnées d'une courbe qui aurait pour limites les deux extrémités de la tige, pour points principaux l'extrémité des feuilles, et pour abcisses la tige ou l'axe principal.*

Car nous avons vu que non-seulement la feuille va se composant de plus en plus, à partir du cotylédon, mais aussi qu'à un moment donné elle se simplifie de plus en plus, jusqu'au moment où, dans la bractée, le sépale, le pétale, l'étamine et même le carpelle, elle redevient à l'état de simplicité qu'elle a dans son premier état organogénique. C'est-à-dire que l'on peut trouver, dans une série d'individus de même espèce, toutes les compositions intermédiaires entre la feuille la plus simple et la feuille la plus composée, comme l'on peut abaisser toutes les ordonnées imaginables entre les deux points extrêmes de la courbe.

Hâtons-nous de faire observer que ces trois lois et le corollaire sont déduits de l'ensemble de toutes nos observations; mais qu'elles n'ont pas toujours toute la rigueur mathématique des lois qui régissent la nature inorganique, surtout au point de vue de la troisième loi et de son corollaire ; car souvent la composition et la simplification des feuilles se font si brusquement que l'on serait tenté d'abord de les croire erronées, et ce n'est réellement qu'en observant une longue série d'individus de la même espèce que l'on arrive à s'assurer de leur exactitude.

ARTICLE II.

Recherche du principe de la trisection dans les feuilles où il est le mieux dissimulé.

Dans l'article précédent, nous nous sommes particulièrement étendu sur le principe général de la trisection et les lois qui président à la composition des feuilles. Il s'agit maintenant de démontrer que si, souvent, le principe de la trisection ne se retrouve pas d'une manière aussi visible dans certaines feuilles, c'est qu'il y a des causes organiques qui s'opposent à ce que ce principe soit réellement apparent. Il y est, en effet, tellement *dissimulé*, qu'il faut entrer dans quelques considérations organogéniques pour arriver à constater son existence. Pour cela, nous devons commencer par faire bien comprendre les deux principaux types de la génération générale des éléments foliaires, savoir : la *génération longitudinale* et la *génération latérale.*

SECTION I. — GÉNÉRATION LONGITUDINALE.

Nous avons déjà donné un aperçu de ce que nous entendions par génération longitudinale, en faisant connaître l'organogénie de la feuille du *Cobea scandens* et du *Jasminum officinale.* Afin de mieux confirmer encore et généraliser ce type de la formation des feuilles, il nous semble indispensable d'entrer dans de plus grands détails afin de le mettre, en quelque sorte, en parallèle avec la génération latérale que nous n'avons fait que signaler en passant. D'ailleurs ces sortes de répétitions seront bien plus de nature à porter la conviction dans les esprits que l'exposé d'un simple fait.

Nous allons raisonner sur les feuilles du Framboisier, *Rubus idæus*, *fig.* 34, qui est une véritable feuille composée, comme le Pl. VI. sont un grand nombre de feuilles de Rosacées, famille ayant de grandes analogies avec la famille des Légumineuses dans laquelle se trouvent les feuilles *longicomposées* par excellence.

Or, dans les feuilles de Framboisier, bien souvent on trouve des feuilles presque entières comme en a, *fig.* 34, c'est-à-dire n'ayant que deux lobes, ou à 3 lobes comme en b, qui sont bien évidemment un acheminement à la trifoliation représentée en c.

Si maintenant nous examinons la *fig.* 35 qui représente deux autres feuilles du même végétal, nous reconnaissons en 1, une feuille à trois folioles; mais la supérieure, en vertu du principe de la trisection, se trilobe et conduit incontestablement à la feuille quintifoliolée, 2. En poursuivant ces observations, particulièrement chez les espèces à cinq folioles (*Rubus biflorus*, *fig.* 36), on ne tarde pas à reconnaître que la cinquième foliole terminale tend elle-même à se triséquer de manière à conduire à la feuille *longitudinalement septemfoliolée* qui est le nombre le plus fréquent des folioles composant les feuilles des Rosiers.

En continuant ce genre de recherches sur les feuilles des *Rosa*, nous trouvons tous les nombres intermédiaires à 3 et 13; ainsi les feuilles du *Rosa trifolia* sont de 3-5 folioles; celles du *Rosa diversifolia, acuminata miniata*, etc., de 3-5-7 folioles; celles du *Rosa lucida*, de 3, 5, 7, 9 folioles; celles du *Rosa Woodsii*, de 7-9 folioles, celles du *Rosa microphylla*, de 11-13 folioles. Ainsi, chez les Rosacées, la longicomposition est évidemment constituée par des trisections successives de la foliole terminale, comme chez le *Cobea* et le Jasmin. Les feuilles des *Poterium* et des *Sanguisorba* ont un degré de longicomposition bien plus élevé encore et conduisent en cela aux feuilles les plus composées, c'est-à-dire longitudinalement foliolées des Légumineuses.

Si nous passons des feuilles déjà bien composées des Rosacées à celles des Légumineuses, nous les voyons simples dans les *Cercis*, trifoliolées dans les Trèfles, les *Medicago*, etc., se composer de plus en plus, toujours longitudinalement, dans les *Colutea*, les *Robinia*, etc., et même se bicomposer d'une façon toute particulière. Ainsi, tandis que nous avons vu la bicomposition se faire dans les Ombellifères (*Imperatoria*) de façon à composer la feuille de neuf folioles seulement, c'est-à-dire 3 × 3, 3 étant déjà une composition ; dans les Légumineuses la génération longitudinale est tellement prononcée que la bicomposition produit une longue suite de paires de foliolules sur les nervures secondaires. C'est la génération longitudinale reportée, ou plutôt continuée sur les nervures secondaires, tandis que dans les compositions de la forme L = l, la *génération latérale* est toujours proportionnelle à la longitudinale, d'où notre troisième loi qui n'est plus applicable à la composition des feuilles des Légumineuses, autres que les trifoliolées.

Voyons donc, malgré cela, si le principe de la trisection intervient dans la bicomposition des feuilles des Légumineuses.

On doit à Macaire (1) une première observation de folioles de *Gleditschia* qui sont restées unies ensemble pour former des limbes simples. De Candolle (2) a fait des observations de ce

(1) *Bibliothèque universelle*, vol. XVII, p. 142.
(2) *Mémoire sur les Légumineuses.*

genre qui prouvent que ces défauts d'exastosie sont assez fréquents; de sorte que l'on peut voir assez souvent des folioles provenant de la réunion de plusieurs foliolules et des feuilles simples résultant de l'union de plusieurs folioles, et réciproquement, et l'on sait que les feuilles des espèces de ce genre sont bipennées ou bicomposées d'ordinaire.

Nous avons figuré, ici, une série de ces folioles plus ou moins liées entre elles pour constituer une feuille, *fig.* 37, et de foliolules diversement unies pour conduire à la foliole, *fig.* 38; mais on doit remarquer que la tendance à l'exastosie d'un seul côté, très-prononcée en c, *fig.* 38, peut exister de l'autre côté de la feuille avec une intensité de plus en plus égale au point de produire d'abord la foliole, *fig.* 38 b, ou la feuille, *fig.* 37; ensuite, la foliole a, *fig.* 38, dans laquelle l'influence du principe de la trisection peut être reconnue.

Si nous reprenons l'exemple de la feuille du Jasmin, il nous sera facile d'y découvrir plusieurs points importants.

1° D'abord une génération longitudinale démontrée par la composition des feuilles à partir du bourgeon et par l'étude organogénique, moyens indiqués dans notre article premier.

2° Ensuite, analogie entre la foliole du Jasmin et celle du *Gleditschia*, relativement à l'inégalité de l'exastosie de chaque côté de la foliole qui fait que le principe de la trisection est dissimulé.

3° Si, en effet, on observe la *fig.* 39, on voit en 1 que la foliole terminale a de la tendance à s'individualiser du côté gauche; tandis que d'autres folioles comme en 2, ont cette tendance prononcée à droite. Il y a donc des feuilles où cette tendance peut se rencontrer également à droite comme à gauche; c'est, en effet, ce qui a lieu, et l'on a alors une foliole trilobée comme en 3, où le principe de la trisection est surpris en voie d'influence.

Comment prouver, maintenant, que les autres folioles proviennent d'une trisection plus avancée? De la manière suivante :

4° On remarquera d'abord que la première paire de folioles, après la supérieure souvent trilobée, manifeste sa séparation de la foliole terminale par une adhérence plus grande au rachis, indiquée par la décurrence que l'on observe à sa base, exactement comme la décurrence que l'on observe à la base des folioles détachées de 1 et 2, la décurrence étant bien plus prononcée en 3, où il n'y a que des lobes. On observera de plus, que la deuxième paire, en descendant sur le rachis, est déjà moins décurrente, quoique cette décurrence soit encore sensible dans beaucoup de feuilles où elle se manifeste par les deux côtés inégaux de la foliole. Enfin la troisième paire, en descendant sur le rachis, ou la première paire formée, est complétement libre de toute décurrence : aussi les deux côtés de chaque foliole sont-ils très-sensiblement égaux.

5° Enfin on peut observer que l'intervalle qui sépare chaque foliole est sensiblement le même à toutes les hauteurs sur le rachis; de sorte que notre première loi, du moins dans toute son étendue, ne saurait être applicable à cette sorte de feuilles.

Ainsi nous sommes forcé de reconnaître que la feuille *longi-composée* du Jasmin se fait par voie de trisection, tellement que, bien que nous n'ayons jamais suivi la germination du Jasmin, nous pouvons prédire d'avance que la marche de la composition des feuilles se fera de la manière suivante : 1° cotylédons et feuilles primordiales simples ou trilobées; 2° feuilles trifoliolées; 3° feuilles quintifoliolées, puis enfin feuilles septemfoliolées et même novemfoliolées (troisième méthode), et cette génération longitudinale est tellement caractéristique que l'on ne remarque aucune tendance à la généraion latérale.

Il est bien entendu que ce n'est pas la feuille ou la foliole une fois formée qui subit l'influence de la trisection, mais le mamelon organogénique ou masse de tissu cellulaire destiné à former la feuille.

SECTION II. — GÉNÉRATION LATÉRALE.

Contrairement à ce que nous venons de voir, il y a des feuilles chez lesquelles la génération longitudinale se borne à la production d'une foliole continuant le rachis, tandis que les folioles surnuméraires qui viennent composer la feuille se forment de plus en plus sur le côté; c'est-à-dire que la foliole primaire qui est centrale subit une seule fois l'influence du principe de la trisection; mais une fois les deux folioles secondaires formées, elle ne présente plus de tendance à la composition; tandis que c'est à la foliole secondaire qu'est départi le soin de produire une foliole tertiaire, qui devra produire à son tour une nouvelle foliole d'un ordre plus élevé, laquelle en produira une autre d'un ordre plus élevé encore, et ainsi de suite. Il ne faudrait donc pas croire qu'il suffit à la foliole secondaire de se composer longitudinalement comme cela arrive à certaines feuilles bicomposées des Légumineuses dont nous avons parlé, pour prendre une idée de ce que nous entendons par génération latérale ; car nous comprenons par cette dénomination une succession de folioles, *toujours plus latérale, d'un ordre de plus en plus élevé,* et dans la formation desquelles le principe de la trisection est complétement dissimulé.

Pour prendre une idée exacte de ce mode de génération, il ne faut que jeter les yeux sur la feuille de l'*Helleborus fœtidus*, *fig.* 40, pour reconnaître que la foliole 1 est la continuation du rachis, que la foliole 2 n'est que secondaire, que la foliole 3 n'est que de troisième ordre; la foliole 4, de quatrième ordre; la foliole 5, de cinquième ordre, et la foliole 6, de sixième ordre, puisqu'elle ne s'est pas encore séparée de la cinquième. De plus, on reconnaît que le pétiole se trifurque 1° en donnant une nervure médiane à la foliole 1 et en fournissant un support commun, une sorte de branche aux folioles 2, 3, 4, 5, 6, support et folioles qui se trouvent répétés à gauche du rachis. On peut faire la même observation sur la feuille des *Helleborus lividus*, *niger*, etc., quoique parfois moins composée. Il y a donc ici une génération complétement différente de celle que nous avons nommée longitudinale, et comme la composition se fait ici de plus en plus sur le côté, nous lui avons donné le nom de *génération latérale*, et aux feuilles composées qui en résultent, celui de *latéricomposées*. C'est à cette génération qu'il faut rapporter les feuilles latéricomposées des Potentilles, *Cannabis*, Lupins, parmi les dicotylédones ; celles des *Chamœrops humilis*, *Latania*, *Arum dracunculus* (1), parmi les monocotylédones; et les frondes de l'*Anthurium membranuliferum podophyllum*, de l'*Adianthum pedatum*, etc., parmi les acotylédones.

Supposons maintenant qu'au lieu d'avoir déterminé la forma-

(1) Turpin, *Iconog. végét.*, tabl. 43 *bis*.

tion de toutes ces folioles, l'exastosie ne se soit en aucune façon prononcée; alors si l'on conçoit une ligne qui, partant de la base du limbe à son point de jonction avec le pétiole, circonscrive toute la feuille en passant par les extrémités de toutes les folioles, on aura la figure d'une feuille plus ou moins arrondie, réniforme ou quelquefois cordiforme, dans laquelle on reconnaîtra plus de largeur que de longueur. D'un autre côté, en observant les nervures latérales de certaines feuilles simples, on voit que si souvent elles semblent partir de l'extrémité du pétiole comme dans le *Cercis siliquastum, fig.* 84, pl. XI, souvent aussi on reconnaît qu'elles partent les unes des autres de façon à ce que le plus petit doute sur leur ordre de formation ne soit plus permis. Ainsi, si nous examinons la nervation du *Petasites hybrida*, *fig.* 41 a, nous voyons que la nervure médiane, continuation du pétiole, a donné naissance à deux nervures secondaires; que de chacune de celles-ci partent des nervures tertiaires, lesquelles donnent naissance à une nervure quaternaire; celle-ci a une nervure quinaire, etc. Ces nervures accusent évidemment le nombre des éléments qui entrent dans une feuille, et comme ces nervures vont toujours en diminuant de volume à mesure qu'elles s'éloignent de la médiane, on reconnaît ainsi qu'elles vont sans cesse en s'élevant dans l'ordre de leur formation. Nous avons reproduit en b, *fig.* 41, la succession des nervures de l'exemple précédent, 1 représentant la continuation du pétiole, la nervure ou la foliole médiane; 2, représente la nervure secondaire; 3, la tertiaire; 4, la quaternaire; 5, la quinaire, et 6, la sénaire. Les feuilles des *Petasites vulgaris*, *niveus*, etc.; celles du *Nardosmia fragrans*, des divers *Cucurbita*, etc., accusent par leurs nervures une semblable génération, et nous avons déjà parlé d'un pareil mode de formation en faisant voir comment la feuille simple du *Tithonia tagetiflora* arrivait à former une feuille quintilobée (Pl. III, *fig.* 18, 19, 20, 21, B et p. 22).

Il en est de même, quoique d'une manière un peu moins prononcée, des feuilles de quelques *Geranium* (Anemonœfolium) et chez les *Geranium angulatum*, *eflexum*, *polypetalum*, etc.; les bords de dernières formations (ceux qui appartiennent aux dernières nervures) sont quelquefois d'une formation si élevée qu'ils se recouvrent de beaucoup, de sorte qu'au premier abord la feuille paraît comme peltée (*fig.* 65, 1, pl. IX), et nous avons pu même constater une fois l'adhérence des deux bords extrêmes, ce qui en faisait une vraie feuille peltée.

Les feuilles des Malvacées présentent aussi, quoiqu'à un degré moins avancé, une formation analogue (*Althea rosea*, *armeniaca*, *hirsuta*; *Malva abyssinica*, etc.), qui se trouve en quelque sorte prise sur le fait dans l'*Hibiscus trionum*, *fig.* 41 ; car il est évident qu'à part l'exastosie qui s'est prononcée de façon à transformer les lobes en folioles, la nervure 1 est la continuation du pétiole; que, par conséquent, les nervures 2 émanent de la nervure 1. Or, on voit la nervure 3 émerger de la nervure 2, et la nervure 4 sortir de la nervure 3. Donc, nous avons une formation analogue à celle qui est représentée en b, *fig.* 41, quoique limitée à la nervure 4, et c'est certainement cette génération qui appartient aux feuilles quintilobées des Malvacées, et en général à toutes les feuilles latéralement quintilobées ou septemlobées des autres familles.

Si, dans certaines feuilles, on voit l'*émersion* des nervures se faire de façon que l'on puisse bien reconnaître l'ordre de leur formation, dans d'autres, au contraire, on les voit qui semblent toutes partir d'un centre commun et aller en rayonnant vers les bords de la feuille. Ainsi les feuilles des *Pelargonium zonale* et *inquinans*, *fig.* 43, présentent des nervures dont nous ne connaissons l'ordre de génération que par l'étude que nous en avons faite sur les feuilles précédentes. Pl. VII.

Enfin, nous verrons plus loin que c'est à ce mode de formation qu'il faut rapporter celui des feuilles *palmées* des Ricins ou *peltées* des Capucines; car bien souvent on voit les nervures d'un ordre supérieur procéder d'une nervure d'un ordre immédiatement inférieur. La seule différence qui se fait remarquer entre ces sortes de feuilles et celles des *Geranium* précités, c'est que dans les feuilles palmées ou peltées, les bords de la dernière génération sont restés unis; c'est-à-dire que l'exastosie ne s'est pas prononcée entre ces deux bords, d'où est résulté un limbe circulaire au-dessous duquel le pétiole est attaché. Mais dans ces feuilles palmées ou peltées, il est rare que l'on n'y reconnaisse pas des nervures de moins en moins fortes, à partir de la nervure médiane; de plus, les éléments sont graduellement plus petits à mesure qu'ils sont constitués par des nervures d'un ordre plus élevé ou de plus récente formation. Il en résulte nécessairement que le pétiole est toujours plus ou moins excentriquement attaché au limbe. Nous verrons, au reste, en faisant l'organogénie de la feuille de Capucine, que c'est bien ainsi que marche l'ordre de la formation des différents éléments.

De même que nous avons vu l'exastosie se prononcer entre les bords de dernière génération des feuilles de *Geranium*, de même il arrive qu'elle se prononce entre chaque nervure principale de la feuille, de manière à en faire autant de folioles distinctes. Dans ce cas, selon le nombre des éléments de formation foliaire, on a une feuille *trifoliolée* (*Fragaria*, *Medicago*, etc.) ; *quadrifoliolée* (*Marsilea quadrifolia*); *quintifoliolée* (*Cissus quinquefolia, Pavia*, etc.); *septemfoliolée* ou *novemfoliolée* (*Æsculus hippocastanum*). Enfin, cette génération peut être poussée assez loin pour que chaque feuille puisse compter jusqu'à 11, 12, 13, etc., folioles, comme dans les Lupins; de sorte qu'alors on a une série circulaire de folioles qui sont à la feuille peltée, ce que la feuille du *Cissus quinquefolia* est à la feuille plus ou moins profondément quintilobée des *Vitis.* Ajoutons que les feuilles des *Lupinus* ont souvent été caractérisées par la désinence de *multifoliolées* qui peut tout aussi bien s'appliquer à la feuille du *Robinia pseudo-Acacia,* qui ne ressemble en rien à celle des Lupins. Il est donc utile de déterminer le système suivant lequel une feuille s'est composée.

Il y a des feuilles dont la composition latérale se borne à la production de 2 folioles qui, avec la foliole terminale, constituent les feuilles *trifoliolées;* d'autres qui admettent une foliole de plus de chaque côté : feuilles *quintifoliolées;* d'autres qui sont latéralement *septemfoliolées*, *novemfoliolées;* enfin d'autres qui sont tellement composées latéralement comme celles des *Thrynax*, *Chamærops*, *Sabal,* que l'on pourrait presque dire qu'elles le sont indéfiniment. En un mot, la composition latérale peut être portée si loin, qu'elle atteint presque les proportions de la composition longitudinale; mais il est impossible de confondre ces deux sortes de compositions, car les feuilles qui en résultent, excepté les trifoliolées, sont complétement différentes de physionomie, comme on peut s'en assurer en comparant une feuille de *Potentilla reptans* et une feuille de Framboisier, *fig*. 35, pl. VI, qui, toutes deux, sont quintifoliolées. Dans les descriptions, il pourrait donc être utile de distinguer ces deux sortes de feuilles, car elles appartiennent précisément à la même famille des Rosacées.

Mais s'il est impossible de confondre ces deux sortes de feuilles composées lorsqu'elles sont formées de 5, 7, 9, etc., folioles, nous ne pouvons en dire autant des feuilles *trifoliolées* qui ne nous offrent, à première vue, aucun moyen de nous assurer si la feuille appartient à la longi ou la latéricomposition. Il est évident, cependant, qu'il doit y avoir des feuilles trifoliolées appartenant aux deux systèmes, et pour nous en assurer, c'est vainement que nous invoquerions les recherches organogéniques, car alors, les feuilles dans leur plus grand état de simplicité se ressemblent dans les deux systèmes de composition, et elles se ressemblent encore par la manière dont elles passent au premier degré de composition; c'est-à-dire que toutes deux subissent l'influence de la trisection exactement de la même façon, et il n'y a pas, en vérité, pour une feuille simple, deux manières de se triséquer. Enfin, ce n'est réellement qu'à partir de la feuille trifoliolée que les deux compositions se distinguent, car tandis que l'on voit la composition d'un système se faire dans un sens *parallèle* au rachis, c'est-à-dire longitudinalement, au contraire, on voit la composition de l'autre se produire dans un sens *perpendiculaire* au rachis, c'est-à-dire latéralement. On pourrait dire que la première est *centripète* et la seconde *centrifuge;* ou, si l'on voulait être plus rigoureux, il faudrait dire que l'une se fait en ligne droite continuant le pétiole, tandis que l'autre marche suivant deux spires se développant de chaque côté du rachis.

De Candolle s'était posé la même question que nous, et voici comment il y répond : « La seule règle que je connaisse pour lever ce doute est celle-ci : lorsque les trois folioles ont leur articulation située exactement au sommet du pétiole, ou, comme on a coutume de le dire, que l'impaire est sessile, on doit regarder la feuille comme palmée : par exemple les Cytises et la plupart des Trèfles. Lorsque le pétiole commun se prolonge au delà des deux folioles latérales, et que l'articulation de la foliole terminale est plus ou moins écartée de l'origine des deux autres, ou, comme on dit vulgairement, que l'impaire est pédicellée, comme dans les

Medicago, les *Desmodium*, alors la feuille doit toujours être considérée comme une feuille pennée qui n'a qu'une paire de folioles latérales. Les analogies confirment cette règle qui devient utile à son tour pour démêler les analogies ultérieures (1). »

Cette méthode que nous ne connaissions pas, et que par conséquent nous n'avons pu introduire dans notre mémoire adressé à l'Académie des sciences en 1860, conduit exactement aux mêmes résultats que celle que nous y avons fait connaître, et la preuve en est donnée par la même manière de voir sur les *Trifolium*, l'un des genres auquel nous appliquons notre méthode. Cependant nous croyons celle de De Candolle meilleure que la nôtre.

Nous disons, dans ce mémoire, que jusqu'à présent nous n'avons pu découvrir qu'un seul moyen qui puisse conduire à la connaissance du système auquel appartient la feuille trifoliolée, et encore ne le donnons-nous pas comme infaillible.

Il est bien difficile qu'une feuille ne trahisse pas son origine par ses tendances à la trisection. Donc, en cherchant avec assez de soin dans une série de plantes, nous pouvons certifier que presque toujours on arrivera à trouver l'une des trois folioles offrant une tendance à la trisection.

Par exemple, nous supposons que les feuilles trifoliolées des *Fragaria* et des *Trifolium* appartiennent au système de génération latérale, par la raison que si nous cherchons suffisamment dans le *Fragaria vesca* nous trouverons des folioles inférieures tendant à se diviser et représentant un lobe extérieur. Au contraire, nous n'avons jamais trouvé de foliole terminale en voie de trisection. Donc, ici, la tendance à la composition latérale est manifeste et justifiée par l'exemple du *Fragaria viridis* qui offre fréquemment des feuilles de quatre à cinq folioles latéralement développées comme dans les Quintefeuilles.

Pareillement, de ce que les feuilles de *Trifolium repens* offrent quelquefois quatre folioles disposées latéralement, nous en concluons que cette feuille trifoliolée appartient à la génération latérale, et cette hypothèse est fortifiée par l'exemple du *Trifolium repens* var. *purpureum* dont la feuille est de 3, 4 et 5 folioles latérales.

(1) *Organog. vég.*, t. I, p. 314.

Au contraire, les feuilles trifoliolées des *Jasminum Azoricum*, *Mauritianum*, *fruticans*, etc., nous semblent être des feuilles trifoliolées du système de génération longitudinale, parce que dans le genre *Jasminum* on trouve des feuilles composées longitudinalement; que l'on voit souvent la terminale se triséquant, et que dans le *Jasminum heterophyllum*, on rencontre parfois des feuilles trifoliolées présentant une foliole terminale qui offre des traces de trisection.

Enfin, il est des cas où même, avec des observations de ce genre, il peut être très-difficile de décider si la feuille est longitudinalement ou latéralement trifoliolée. Ainsi, chez les *Rubus*, le nombre d'espèces à 3 folioles est assez fréquent (*Rubus occidentalis*, *hispidus*, *parvifolius*, *cæsius*, *triphyllus*, *arcticus*, etc.). Mais, si nous cherchons dans les autres espèces des phénomènes analogues à ceux qui nous ont fait découvrir le système auquel appartiennent les feuilles trifoliolées dont nous venons de parler, nous y trouvons des cas de tératologie qui indiquent que la feuille trifoliolée peut tout aussi bien appartenir à un système qu'à l'autre. En effet, dans le *Rubus idœus*, c'est la foliole terminale qui, se triséquant, semble indiquer une génération longitudinale ou centripète; mais, dans le *Rubus fruticosus*, ce sont aussi bien les folioles latérales qui tendent à se triséquer, *fig.* 2, 3, 4, pl. I, pour faire des feuilles quintifoliolées appartenant évidemment au système de génération latérale ou centrifuge.

SECTION III. — ÉTUDES ORGANOGÉNIQUES DES FEUILLES LATÉRICOMPOSÉES.

Il ne nous suffisait pas de reconnaître sur les feuilles latéricomposées que la composition se faisait bien comme nous venons de l'indiquer, et il se pouvait que notre manière de voir ne fût pas en rapport avec la marche de la nature. Il aurait pu se faire, en effet, que les diverses parties de la feuille composée fussent créées toutes à la fois, et alors les différences que l'on constate dans le développement ou la grandeur des folioles ou des parties de la feuille pouvaient être attribuées à des positions plus éloignées du rachis. Il aurait pu arriver encore que la marche de la trisection se continuât comme dans la génération longitudinale, et, dans ce cas, les nouvelles parties formées, au lieu de s'élever sur le rachis, pouvaient prendre naissance entre les mamelons foliolaires et repousser plus sur le côté les premiers mamelons formés, absolument comme on a admis que les bourgeons de la Vigne repoussent latéralement la vrille terminale qui devient alors oppositifoliée.

Il fallait donc que l'organogénie vînt nous fournir la preuve que certaines feuilles composées étaient véritablement formées par génération latérale. Or, en étudiant l'organogénie des feuilles des Lupins, des Potentilles quintefeuilles, des Capucines et des Ricins, nous avons pu nous convaincre que les feuilles latéricomposées méritaient véritablement ce nom par la manière dont marche leur composition.

Nous reproduisons ici l'organogénie des feuilles du *Lupinus mutabilis* et du *Tropœolum majus*, qui sont : la première, le type de la génération latérale des feuilles latéricomposées ; la seconde, un des exemples les plus parfaits de la génération latérale des feuilles peltées. L'organogénie des feuilles de ces deux espèces se trouvant être la même que celle des feuilles des Potentilles quintefeuilles, du *Cannabis sativa*, etc., et des feuilles de Ricins, etc., il devient inutile de les reproduire toutes ici. Nous pensons que les deux premières suffiront pour faire comprendre ce mode de génération qui, nous le répétons, est le même pour toutes les feuilles de ce système.

Si l'on détache avec d'assez grandes précautions les feuilles de plus en plus petites d'un axe du *Lupinus mutabilis*, on arrive à trouver une série de feuilles dont les formes se trouvent représentées, *fig.* **44** (**1**, **2**, 3, 4, 5 et 6).

1, représente le mamelon ovoïde qui devra former la première feuille ou foliole. Nous l'avons appelé *a*, pour faire voir dans les autres figures qu'il ne subit qu'une seule fois l'influence du principe de la trisection ; car, ainsi qu'on va le voir, les nouveaux éléments représentés par des lettres d'autant plus élevées qu'ils sont de plus récente formation, sont toujours formés par les plus nouveaux. Ainsi, en **2**, *a* s'est triséqué pour produire un double mamelon b. C'est également la manière dont une feuille *longicomposée* eût procédé pour commencer sa composition longitudinale ; car il n'y a pas, pour les feuilles, deux manières de se triséquer.

3, représente une feuille un peu plus avancée, dans laquelle le mamelon *b*, qui formera une foliole, a produit le mamelon *c* qui constituera aussi une foliole.

En 4, la feuille est plus composée encore, et l'on y voit que *c* a donné naissance à l'élément *d* qui formera aussi une foliole. A son tour, *d* produit un nouveau mamelon *e*, indiqué en 6.

C'est ordinairement à ce nombre de folioles que s'arrête la composition de ce Lupin. Les progrès de la végétation ne portent plus que sur le développement et la forme des folioles, sans ajouter aucun autre élément à la feuille. On voit d'abord les mamelons s'écarter les uns des autres comme en 5 et 6, puis les mamelons s'élargir pour constituer chacun une foliole. Quant aux organes s,s' qui sont placés à la base de la feuille en 6, ils ne sont autres que des stipules.

Il est donc évident que dans la feuille du Lupin en question, la composition se fait par génération latérale.

Si maintenant nous examinons avec le même soin l'extrémité d'un axe du *Tropæolum majus*, nous pouvons arriver à constituer la série de feuilles représentée, *fig*. 45 (1, 2, 3, 4, 4', 5 et 6), dans laquelle il est aisé de reconnaître l'ordre successif de la génération des parties de la feuille.

Ainsi, en 1, on voit le mamelon arrondi qui va donner lieu aux productions latérales suivantes, après avoir pris la forme ovoïde que l'on voit en 2. Un peu plus tard, cette forme ovoïde a produit de chaque côté un mamelon figuré en *b*, 3; il en résulte une petite feuille à 3 lobes. Puis cette feuille, en grandissant, produit 2 autres lobes *c*, qui sont au-dessous de *b*, si bien que l'on a une petite feuille à 5 lobes représentée en 4. Nous avons reproduit en 4' le profil d'une autre feuille où l'on voit que *a* a produit *b*, que *b* a donné naissance à *c*, et que ce dernier mamelon présente à sa base une gibbosité *d*, qui formera plus tard le lobe latéral quaternaire de la feuille de Capucine.

En 5, la feuille est vue à l'intérieur avec l'extrémité de ses lobules un peu incurvés. Enfin, en 6, la feuille un peu plus développée est représentée par le dos. Elle présente toutes les parties qui la constituent d'ordinaire; cependant, quelquefois il s'y ajoute un élément de plus indiqué par la nervure quinaire que l'on remarque à la feuille représentée, *fig*. 63, b.

Par la succession des lettres, il est facile de reconnaître l'ordre suivant lequel les diverses parties ont pris naissance, et, par conséquent, on y trouve la preuve que dans la formation de la feuille de Capucine les divers éléments qui la constituent se produisent par génération latérale, absolument comme si la feuille était composée à la manière des Lupins.

L'étude organogénique de la feuille des Ricins donne des résultats identiques ; c'est pour cela que nous nous sommes borné à reproduire les divers états organogéniques de la Capucine.

Mais si la génération est *essentiellement latérale,* il est évident que nous n'avons plus une composition des feuilles analogue à celle que nous avons remarquée chez les Ombellifères, et, dans ce cas, comment découvrir l'influence du principe de la trisection ?

Nous ne l'ignorons pas, il nous sera assez difficile de démontrer, ici, ce principe d'une manière aussi évidente que lorsqu'il s'est agi de génération longitudinale, et, à plus forte raison, de cette double génération que nous avons désignée par la forme L = l. Mais nous avons dit aussi que souvent le principe était dissimulé, et que, par conséquent, il n'en existait pas moins.

Voyons donc comment il peut être dissimulé, et comment on arrive, néanmoins, à le reconnaître. On peut y être conduit de trois façons différentes.

I. — Nous avons établi, p. 11, qu'il y avait des systèmes ou ensembles de parties qui pouvaient être regardés comme liés entre eux beaucoup plus que certains autres, et qu'en établissant des comparaisons entre les divers ensembles de plus en plus ou de moins en moins composés, on arrivait à concevoir une suite de trisections qui confirmaient de plus en plus le principe.

Nous avons vu encore que dans la génération longitudinale le principe de la trisection ne portant son influence que sur la foliole terminale, l'ordre de la formation des éléments foliolaires s'élevait de plus en plus, si bien que les nouvelles formations se trouvaient au-dessus des plus anciennes (formation centripète). Or, en admettant que ces deux ordres de phénomènes physiologiques soient applicables à la génération latérale, on arrive, sans trop forcer la logique, à concevoir que le principe de la trisection peut suivre une marche inverse dans la composition ou génération latérale.

1° On peut admettre, en effet, que dans la *fig.* 45, par exemple, de même que par rapport à *b* (3), *a* (2) représente un système simple qui s'est trilobé en formant *b*; de même on peut dire aussi que *a* + *b* (3) constituent un système composé qui s'est triséqué en formant *c* (4); de même aussi *a* + *b* + *c* (4) constituent un système plus composé, qui s'est de nouveau triséqué pour former *d* (4', 5 et 6). Le même raisonnement peut évidemment s'appliquer aux divers états de la feuille du Lupin, *fig.* 44. Donc, sous ce point de vue, on peut dire que le principe de la trisection est saisissable.

2° D'un autre côté on peut dire, et le raisonnement que nous venons de faire en est la preuve, que contrairement à ce qui a lieu dans la génération longitudinale ou centripète, l'ordre de la formation des éléments *descend de plus en plus*, de telle façon que les nouvelles générations se trouvent au-dessous des plus anciennes, et que, tandis que le principe de la trisection a une *marche ascendante* dans la génération longitudinale, dans la latérale ou centrifuge, au contraire, il a plutôt *une marche descendante*.

Toutefois, en admettant que l'on conçoive que le principe de la trisection soit ainsi démontré, il faudrait toujours convenir que, comme dans la génération longitudinale, il y a une exception évidente à la deuxième proposition de l'énoncé du principe; car il est clair que les nombres 5, 7, 11, etc., qui peuvent résulter de la trisection descendante, ne sauraient être un multiple de 3. Donc les générations longitudinale et latérale font exception à cette proposition.

II. — Pour arriver à bien comprendre la seconde manière dont le principe de la trisection est dissimulé, ou, ce qui revient au même, la manière de le retrouver ou plutôt de le supposer, il faut entrer dans quelques considérations préalables sur la nervation comme centre d'un élément foliaire.

Nous savons qu'une nervure moyenne, rachis, ou continuation du pétiole, que nous nommons très-souvent *nervure primaire*, nous savons, disons-nous, qu'une nervure primaire donne nécessairement naissance à une feuille que l'on peut considérer comme une *feuille unilobée;* mais la nervure qui en est le centre produit d'ordinaire des nervures secondaires souvent *parallèles*, et placées les unes au-dessus des autres à des distances à peu près égales. Les deux premières, secondaires ou latérales, donnent très-souvent lieu à la formation de deux autres lobes qui, avec le lobe terminal de la feuille unilobée, constituent une feuille à trois lobes.

Mais de même que la nervure primaire a donné naissance aux deux nervures secondaires qui ont produit chacune un lobe, de même non-seulement 1° chaque nervure secondaire, tertiaire, quaternaire, etc., pourra devenir le centre d'un élément foliaire (foliole ou lobe), mais encore 2° les nervures secondaires, tertiaires, quaternaires répétées sur la nervure primaire ou sur les autres nervures, regardées alors comme principales, peuvent devenir aussi le centre d'éléments foliolaires ou, si l'on veut, de folioles ou de lobes plus petits. En un mot, rien n'empêche de raisonner sur toutes les nervures de la feuille comme sur la nervure principale ou primaire. Il y a donc lieu d'étudier séparément la nervure primaire, les premières secondaires, tertiaires, quaternaires, etc., et les autres secondaires, tertiaires, quaternaires qui se répètent sur les nervures d'où elles émergent.

1° Nous commençons par bien établir cette différence : tandis que dans la nervure primaire les générations latérales étant parfaitement libres de chaque côté, il en résulte une *action symétrique parfaite*, dans le sens de nos idées sur la symétrie végétale (1), qui produit une nervure secondaire capable de donner lieu à une *exastose* (foliole ou lobe) de chaque côté de cette nervure primaire; au contraire, dans la nervure secondaire les générations latérales ne seront plus libres des deux côtés au même degré, car le côté qui regarde la nervure primaire aura moins de liberté pour se développer que l'autre, et l'on conçoit que la génération de ce côté soit moins prononcée, ou plutôt soit *absorbée au profit de la génération longitudinale appartenant à la nervure primaire*. De cette manière de voir, il résulte que le côté libre de la nervure secondaire pourra seule produire la nervure tertiaire capable de donner naissance à un lobe, et c'est en effet ce qui arrive souvent.

En raisonnant de la même façon sur la nervure tertiaire, on

(1) *Études sur la symétrie considérée dans les trois règnes de la nature.* Paris, 1855. Broch. in-8°, 29 *figures*.

voit qu'il n'y a que la génération la plus extérieure qui se prononcera, et une nervure quaternaire pourra prendre naissance et produire un lobe plus petit; mais on remarquera que la direction des nervures des lobes et leur extrémité est suivant une courbe qui, passant par ces extrémités, enceindrait une surface cordiforme.

Soit, par exemple, la feuille de Platane, *fig.* 46. On y voit que la nervure primaire 1 forme le lobe 1'; que le lobe 2' est formé par la nervure 2; que la nervure 3 donne naissance au lobe 3', et que la dernière nervure latérale 4 produit un petit lobe 4'. Mais il est évident que la première nervure latérale droite 2 émane de la primaire 1, qui, étant libre de chaque côté, produit une autre nervure latérale à gauche tout à fait semblable à la première. Il est également évident que la première tertiaire, ou nervure 3, émane de la première secondaire. Mais comme la première secondaire est plus libre d'un côté que de l'autre, où la génération latérale, par rapport à cette nervure secondaire, se trouve influencée ou absorbée par la génération longitudinale de la nervure primaire, il en résulte que le côté libre, seul, produira une nervure tertiaire 3, pouvant donner lieu à la formation d'un lobe 3'. On en pourrait dire autant de la nervure 3, qui produira pour la même raison une nervure 4 et un lobe 4' du côté libre, nervure et lobe qui ne se prononceront pas du côté de la nervure 2.

Nous reconnaissons en même temps qu'il y a pour chaque nervure, comme pour la primaire, deux générations : la longitudinale, qui produit les nervures *parallèlement* superposées, et la latérale, qui forme les nervures *angulaires;* c'est-à-dire dirigées de plus en plus sur le côté, *fig.* 41, b, pl. VI.

2° Pour bien comprendre le rôle du second ordre de nervures, c'est-à-dire des nervures parallèles, examinons comment se compose le squelette d'une feuille que nous prenons de préférence dans notre sixième système de formation, dont la notation est $\frac{L>l}{l<L}$ (1). Soit toujours celle du Platane, dont nous

(1) Ce qui veut dire que la génération longitudinale, plus grande que la latérale, est placée au-dessus de la génération latérale, plus grande que la longitudinale, comme nous le montrerons plus loin (art. III).

ne considérons que la nervation, *fig.* 47. On y voit que les nervures de même ordre sont indiquées par les mêmes chiffres, mais affectés de signes différents, selon qu'elles émanent de nervures principales différentes. Ainsi, les nervures *secondaires* $2, 2', 2'', 2'''$, etc., sont de même nom parce qu'elles prennent naissance sur la nervure primaire 1 ; mais elles ne sont pas toutes de même génération, puisque, évidemment, la première formée est 2 ; la deuxième formée est $2'$; la troisième formée est $2''$; la quatrième, $2'''$, et ainsi de suite (génération longitudinale) ; de sorte qu'elles peuvent être aisément désignées par les expressions suivantes : première secondaire, 2 ; deuxième secondaire, $2'$; troisième secondaire, $2''$; quatrième secondaire, $2'''$, etc. De même pour les nervures tertiaires : Première tertiaire de la première secondaire, 3^1 ; deuxième tertiaire de la première secondaire, $3^{1'}$; troisième tertiaire de la première secondaire, $3^{1''}$, etc., et aussi première tertiaire de la deuxième secondaire, 3^2 ; deuxième tertiaire de la deuxième secondaire, $3^{2'}$, et ainsi des autres. On voit de suite combien il serait possible de dénommer chaque nervure d'une feuille ; mais il faut avouer que cette nomenclature est un peu compliquée, et que, heureusement, elle n'est pas, pour le moment, d'une très-grande importance ; si tant est, toutefois, que les moindres choses soient négligeables, surtout en histoire naturelle.

Cependant, pour arriver à démontrer la dissimulation du principe de la trisection, et aussi, pour compléter l'examen de la nervation de notre feuille, nous allons donner la notation exacte qui représente toutes les nervures :

1 est la nervure primaire ou rachis ;

$2, 2', 2'', 2''', 2^{IV}, 2^{V}$, les nervures secondaires ;

$3^1, 3^{1'}, 3^{1''}, 3^{1'''}$, les première, deuxième, troisième, quatrième tertiaires de la première secondaire ;

$3^2, 3^{2'}, 3^{2''}$, les première, deuxième et troisième tertiaires de la deuxième secondaire ;

$3^3, 3^{3'}$, les première et deuxième tertiaires de la troisième secondaire ;

3^4, la première tertiaire de la quatrième secondaire ;

$4, 4'$, la première et la deuxième quaternaire ;

5, la première quinaire.

Comme ce n'est qu'exceptionnellement que la nervation est

poussée plus loin, nous nous bornerons à ces quelques détails. D'ailleurs les botanistes qui voudraient aller plus loin dans cette nomenclature, en ayant la clé, pourraient le faire très-aisément; mais, nous le répétons, nous ne pensons pas qu'il soit utile de pousser plus loin ce genre d'investigation.

Ceci bien compris, essayons de désigner l'ordre de formation des lobes d'une feuille plurilobée; par exemple, celle du *Saxifraga sarmentosa*, *fig.* 48, présentant le plus souvent six grands lobes de chaque côté, lesquels, avec le lobe terminal, donnent treize lobes. La principale nervure, ou nervure primaire 1, va au sommet de la feuille se terminer dans le premier lobe. La première secondaire 2 va se terminer à la pointe moyenne du lobe 2, lequel correspond évidemment au lobe 2′ de la feuille du Platane, *fig.* 46. De sorte que la feuille trilobée serait réduite au lobe 1 et aux lobes 2 de droite et 2′ de gauche. La première tertiaire 3 va se perdre à l'extrémité du lobe 3, qui correspond au lobe 3′ de la feuille de Platane, de façon que la feuille réduite à 5 lobes serait constituée par les lobes 1, 2 et 2′, 3 et 3′. La première quaternaire conduit au lobe 4, correspondant à 4′ de la feuille du Platane; mais, en même temps que ce lobe se forme, la deuxième secondaire 2‴ agit sur le bord du limbe de la feuille et y prononce un lobe 5 et 5′ qui apparaît dans le Platane en 4″; de sorte que l'on peut dire que ce lobe est manifestement de quatrième formation, en ce sens qu'il se prononce à peu près au moment où les lobes 4 et 4′ se forment. En poursuivant l'observation dans ce sens, on trouve que la deuxième tertiaire 3′ de la première secondaire va se terminer à l'extrémité moyenne du lobe 6, dont on trouve l'analogue dans le petit lobe 5 de la feuille du Platane.

Il résulte de cet examen que l'ordre de formation des lobes d'une feuille est d'abord le lobe terminal 1, quand les feuilles sont ovales ou cordiformes; puis les lobes 2 et 2′, *fig.* 48, dans les feuilles trilobées, *fig.* 20 et 22, pl. III et IV; puis les lobes 3 et 3′ dans la plus grande partie des feuilles quintilobées, *fig.* 23, 1, pl. IV; ensuite, les lobes 4 et 4′, *fig.* 48, dans les feuilles septemlobées, *fig.* 50. De sorte que jusque-là la marche croissante de la formation des lobes va du sommet à la base. Puis, comme la formation des lobes continue, elle recommence sa marche à partir d'en haut, et va en descendant en formant un lobe entre chacun de ceux qui sont déjà formés. Ainsi, les lobes 5 et 5' se forment d'abord, et à peu près en même temps que les lobes des deux premières quaternaires, comme étant le résultat de l'action, sur les bords du limbe, de la deuxième secondaire de chaque côté. C'est le lobe supérieur qui subit le premier l'influence du principe de la trisection.

Après la formation de ces deux lobes viennent les lobes 6 et 6', résultant de l'action de la deuxième tertiaire de la première secondaire sur les bords du limbe. Ici, ce sont les lobes 2 et 2' qui subissent l'influence du principe de la trisection ; mais tandis que les lobes 2 et 2', *les premiers formés*, peuvent prendre naissance comme étant le résultat de la première trisection de la feuille, les deux côtés étant *également libres*, au contraire, les lobes latéraux ne doivent pas paraître se triséquer. On comprend bien, en effet, que les deux secondes nervures tertiaires 3'3' donnent naissance aux lobes 6 et 6'; mais les nervures opposées ne sauraient en produire, puisque *leur direction ferait concevoir un lobe compris dans le parenchyme même de la feuille*. Donc on peut dire que ce lobe est absorbé par la feuille, et ce n'est pas une raison pour que le principe de la trisection ne soit pas général. Par conséquent on peut soutenir que le principe de la trisection est *dissimulé*. On en peut dire autant des lobes 7 et 7', qui nous paraissent être le résultat du *principe dissimulé de la trisection* appliqué aux lobes 3 et 3', et la cause qui s'oppose à l'apparition des lobes opposés aux lobes 7 et 7' est exactement la même que précédemment.

L'ordre de la formation des lobes des feuilles multilobées est donc d'abord comme les nombres impairs 1, 3, 5, 7, etc., alternés ensuite par les nombres pairs 2, 4, 6, 8, etc. C'est un mode de formation qui n'est pas sans analogie avec celui que nous avons fait connaître en parlant de la composition organogénique de la feuille du Persil. Mais de ce que le lobe 5 paraît être de la même époque de formation que le lobe 4, on peut supposer qu'une fois cette double formation commencée, elle se continue double aussi simultanément pour les formations ultérieures. Ainsi, il est très-probable que dans la feuille représentée *fig.* 49, les premiers lobes formés sont 3 et 3', comme appartenant aux premières secondaires ; les lobes qui se sont ensuite formés sont les lobes 5 et 5′, comme ayant les premières tertiaires pour centre. Mais pendant que les premières quaternaires vont former chacune un lobe 7 et 7′, le lobe 1 subit une seconde fois le principe de la trisection; alors les deuxièmes secondaires, 2′, deviennent le centre des deux lobes 2 et 2′. Il en est de même de 4 et 4′, par rapport à 9 et 9′, et de 6 et 6′ par rapport aux petits lobes 11 et 11′, etc., *fig.* 49, d'où il suivrait que la formation des lobes, après avoir commencé par une marche alternative, marcherait plus tard en produisant simultanément un lobe pair supérieur et un lobe impair inférieur.

Il est presque inutile de dire que les chiffres 1, 2, 3, 4, 5 et 6 placés à l'intérieur de la feuille représentent l'ordre de formation des nervures latérales.

Maintenant, remarquons que la nervure primaire 1, qui donne naissance à la secondaire gauche 2, *fig.* 50, donne aussi naissance à la secondaire droite 2′, opposée, par la raison que toutes les circonstances étant égales de chaque côté, la symétrie obéit à l'influence de la ligne 1, par rapport à laquelle elle est ordonnée, et par conséquent 2′ doit se produire quand 2 prend naissance.

Si nous cherchons à faire un semblable raisonnement sur la nervure secondaire 2, considérée comme centre symétrique, nous voyons bien qu'elle donne lieu à la nervure tertiaire 3 ; mais en supposant qu'une nervure opposée se produisît, elle serait nécessairement comprise dans la nervure 1, puisque par rapport à 2, 1 devient l'opposé de 3. Cette seconde nervure tertiaire ne peut donc pas exister, ou si l'on voulait supposer son existence, il faudrait admettre qu'elle est confondue avec 1 ou *absorbée* par 1. En continuant le même raisonnement, on verrait que la nervure 4, émanant de la nervure 3, ne peut avoir d'opposée que celle qui serait comprise dans la nervure 2 ou absorbée par elle.

Ceci établi, quand le lobe 1 subit l'influence de la trisection, nous avons vu que les lobes 2 et 2′ devaient nécessairement se former ou tout au moins être indiqués par les nervures. C'est tout autre chose pour le lobe 2; car nous savons bien que ce lobe pourra produire le lobe 3; mais puisque la nervure opposée est absorbée par la nervure 1, en admettant qu'elle ait dû se former, le lobe sera donc compris dans le limbe de la feuille, et par conséquent dissimulé. Pour bien nous faire comprendre, ne craignons pas d'être trop explicite.

Considérons donc la feuille, *fig.* 51. La première tertiaire peut offrir à son sommet un premier lobe, 3; la première quaternaire donnera le lobe 5; mais la deuxième quaternaire fournira le lobe 4, et comme celle-ci peut avoir son opposée détachée de la nervure secondaire, en vertu du principe de la trisection et de notre loi de symétrie par rapport à une ligne, le lobe qui en résulterait serait en 4'. Or, ce lobe est largement compris dans le limbe général de la feuille; par conséquent, il est comme absorbé ou mieux *dissimulé*. Le même raisonnement est à plus forte raison applicable à la quatrième quaternaire qui donne le lobe 5, et dont l'opposé symétrique serait en 5', c'est-à-dire plus au centre du limbe, et conséquemment plus absorbé ou plus dissimulé encore. Il va sans dire que le même raisonnement peut s'appliquer aux lobes ou aux nervures secondaire, quaternaire, etc.

III. — Enfin, dans les feuilles composées latéralement comme le sont celles des Hellébores, des Quintefeuilles, des *Cannabis*, des *Pavia*, de Marronnier d'Inde, des Lupins, etc., on peut reconnaître, d'après ce que nous venons de dire, que le principe de la trisection y est véritablement dissimulé.

En effet, nous avons constaté que le centre de chaque foliole était parcouru par une nervure principale. D'un autre côté, nous avons établi par le raisonnement que chaque nervure principale pouvait être le siége d'une formation latérale qui, par rapport à la principale regardée comme primaire, donne lieu à deux nervures secondaires; mais quand l'une d'elles vient à manquer, c'est qu'elle doit être remplacée ou absorbée par la nervure de formation précédente à celle qui sert de primaire à la foliole (*fig.* 50), c'est-à-dire dissimulée dans cette nervure précédente. Or, on peut concevoir que la feuille, *fig.* 50, se compose comme nous l'avons indiqué par les lignes ponctuées, et, dans ce cas, le raisonnement reste évidemment toujours le même que pour la feuille simplement lobée. Si donc nous considérons la nervure 2 comme primaire, le principe de la trisection veut que la nervure 3 se produise, et, en même temps, une seconde nervure opposée à 3; mais comme la nervure 1 tient la place de l'opposée de 3, la nervure 1 devient elle-même son opposée, et il est fort possible

que cette nervure 1 soit composée 1° de la nervure continuant le pétiole, et 2° de l'opposée réelle de 3. Donc, le principe de la trisection se trouve dissimulé, puisque la nervure ou la foliole opposée à la nervure ou la foliole 3 se trouve absorbée dans la foliole 1. Nous avons vu que l'on en pouvait dire autant de la nervure 3 regardée comme primaire, qui en vertu du principe de la trisection formera la nervure 4, dont l'opposée sera dissimulée dans la nervure 2, qui est elle-même l'opposée de 4, par rapport à la nervure 3.

D'après ce raisonnement, si nous nous reportons à la *fig.* 40, qui représente une feuille d'Hellébore fétide, nous y voyons que la foliole 1 est longitudinalement parcourue par la nervure primaire ; mais nous avons vu qu'organogéniquement, cette foliole se trisèque pour donner les folioles 2 et 2'. Si maintenant nous admettons que la foliole 2 se trisèque à son tour, nous trouvons naturel que la foliole 3 prenne naissance ; mais cette foliole doit avoir, d'après le principe, une opposée, et la place de cette opposée est déjà occupée par la foliole 1 ; donc la foliole 1 remplacera, absorbera ou dissimulera les éléments qui devaient produire la foliole opposée à 3. On conçoit que les mêmes raisons puissent être données pour les folioles 3, 4, 5 et 6 regardées tour à tour comme centre d'une nouvelle trisection, et ce que nous avons dit se passer dans les folioles de droite, se reproduit exactement, quoiqu'en sens contraire, dans les folioles de gauche.

Si nous ne nous abusons, nous croyons pouvoir dire que le principe de la trisection est général ; qu'il est nettement démontré dans certaines feuilles de la forme L=l ; qu'il se reconnaît aisément dans les feuilles longicomposées par les trisections successives de la foliole terminale, feuilles qui, néanmoins, sont une exception à notre deuxième proposition de l'énoncé du principe ; qu'enfin, dans les feuilles latéricomposées, quoiqu'à l'aide d'un raisonnement qui peut paraître logique pour les uns, spécieux par les autres, nous soyons parvenus à y démontrer le principe de la trisection, il faut convenir qu'il y est parfaitement dissimulé, ce qui est une autre cause d'exception à notre deuxième proposition de l'énoncé du principe.

ARTICLE III.

Classification méthodique et modes de génération des feuilles.

Ainsi que nous avons cherché à l'établir dans les deux articles précédents, quand on étudie avec soin et dans le même sens que nous, les diverses formes de feuilles, il est impossible que l'on n'admette pas le principe général de la trisection comme cause de la division ou de la composition des feuilles, ainsi que les deux générations types, longitudinale et latérale, dans toute formation foliaire.

Il y a probablement des plantes qui ne portent que des feuilles chez lesquelles la génération longitudinale seule est admissible ; d'autres, au contraire, dont les feuilles appartiennent exclusivement à la génération latérale ; mais c'est évidemment la grande exception, et presque toujours ces deux générations se combinent de différentes manières pour donner des formes de feuilles extrêmement variées, mais chez lesquelles il y en a qui sont *dominantes* et qui tiennent, pour ainsi dire, la tête des divers systèmes que nous allons établir. Puis peu à peu ces formes se modifient, se dégradent, pour ainsi dire, et alors, arrivées toutes à un certain point de dégradation, il est souvent difficile de reconnaître le système d'où elles dérivent, et quelquefois on serait tenté de les confondre avec des feuilles d'un système souvent très-différent.

Les deux sortes de générations peuvent se combiner de telle façon, que toutes deux entrent pour une part égale dans la formation ou la composition de la feuille. D'autres fois, la génération longitudinale l'emporte sur la génération latérale ; souvent, au contraire, c'est la génération latérale qui est plus puissante que la longitudinale : dans certaines feuilles, la génération latérale semble occuper la base de la feuille, tandis que dans d'autres elle semble plus spécialement se porter au sommet de la feuille. Voilà autant de bases qu'il en faut pour établir méthodiquement une classification des feuilles. Nous allons successivement passer en revue ces divers systèmes, après, toutefois, les avoir convenablement établis.

Lorsque nous examinons la feuille composée des *Trifolium*,

Menianthes trifoliata, des *Fragaria*, etc., *fig.* 57, 3, il est facile Pl. VIII. de constater que des trois folioles, deux sont latérales, et, comme elles sont à peu près de même grandeur, nous regardons la génération latérale comme étant égale à la génération longitudinale.

Dans quelques feuilles, telles que celles du Jasmin, du *Cobea scandens*, des Rosiers, des *Robinia*, des *Rubus*, etc., nous avons reconnu que la division de la feuille se faisait longitudinalement; mais comme les folioles qui se forment le long du rachis sont une génération latérale qui s'arrête à la formation de la foliole, il y a aussi dans ces feuilles la réunion des deux générations, mais alors la longitudinale est de beaucoup dominante. Par conséquent nous disons que la génération longitudinale l'emporte sur la latérale.

Au contraire, certaines feuilles ont une génération essentiellement latérale; telles sont : les feuilles latéricomposées des Potentilles quintefeuilles, des *Pavia* et Marronnier d'Inde, etc.; mais comme aussi la production des folioles, et surtout de la foliole terminale, indique une génération longitudinale, nous sommes obligés de reconnaître dans la composition de ces feuilles la réunion des deux générations; mais la latérale l'emporte sur la longitudinale.

Dans certaines feuilles, telles que celles du Figuier, de certains *Arum*, de *Convolvulus arvensis*, etc., ou dans la fronde du *Scolopendrium officinale*, *fig.* 29, pl. V, nous pouvons constater une plus grande tendance à la génération longitudinale qu'à la génération latérale, et, de plus, que la génération latérale *occupe la base de la feuille.*

Nous voyons, en effet, dans le Figuier, *fig.* 24, pl. IV, que le lobe moyen tend à se diviser plusieurs fois, quand la génération latérale ne fait que produire de chaque côté 1, ou, au plus, 2 lobes, et que la production latérale est à la base de la feuille, c'est-à-dire *au-dessous de la longitudinale.*

Enfin, dans quelques autres feuilles, la génération latérale, au lieu d'occuper la base de la feuille, en occupe le sommet, tandis que c'est la longitudinale qui *se trouve au-dessous de la latérale;* c'est le caractère particulier des feuilles dites Lyrées des *Geum*, quelques *Sonchus*, des *Cardamime* (*fig.* 97 et 98), etc.

Si maintenant nous admettons des feuilles à génération longitudinale pure et simple, et des feuilles à génération latérale également pure et simple, nous reconnaissons sept systèmes de feuilles bien distincts les uns des autres, que nous allons résumer et symboliser de façon à simplifier le discours dans une infinité de cas.

Ainsi nous reconnaissons :

1° La génération longitudinale pure et simple = L.

2° La génération latérale pure et simple = l.

3° La génération longitudinale unie à la génération latérale, mais sensiblement égales en intensité = $L = l$.

4° La génération longitudinale unie à la génération latérale, mais la latérale l'emportant sur la longitudinale = $L < l$.

5° La génération longitudinale unie à la génération latérale, mais la longitudinale l'emportant sur la latérale = $L > l$.

6° La génération longitudinale unie à la génération latérale, mais la longitudinale *plus prononcée* placée au-dessus de la latérale *plus prononcée* = $\frac{L > l}{L < l}$ ou $\frac{L > l.}{l > L.}$

7° La génération longitudinale unie à la latérale, mais la latérale *plus prononcée* placée au-dessus de la longitudinale *plus prononcée* = $\frac{L < l}{L > l}$ ou $\frac{l > L.}{L > l.}$

Premier système. Symbole = L, *ou génération longitudinale pure et simple.*

Dans ce système, les feuilles sont plus ou moins réduites à la nervure médiane ou primaire, faisant suite au pétiole dont elle n'est que le prolongement ; quelquefois elle est mince, grêle, filiforme et à peine revêtue du tissu parenchymateux. C'est de cette façon qu'il faut considérer la feuille du *Lathyrus aphaca* qui se trouve réduite à la nervure médiane affectant la forme de vrille V, *fig.* 52. En revanche, grâce à un balancement organique très-prononcé ici, les stipules ont acquis un grand développement et tiennent lieu des folioles qu'elles remplacent dans les fonctions physiologiques qui sont départies aux feuilles.

Les filets grêles qui naissent à l'aisselle des cotylédons et le long de la tige submergée du *Trapa natans* (1), ne sont peut-être aussi que les feuilles réduites à leurs simples nervures médianes, à moins qu'on ne les considère comme des nervures secondaires d'une feuille dont la nervure médiane aurait avorté.

D'autres fois, les feuilles de ce système sont plutôt allongées, cylindriques, épaisses, charnues comme on le voit dans le *Sarcophyllum carnosum*, *fig.* 53, ou dans les feuilles cylindriques subulées de certains *Sedum*, etc. Ici, la nervure médiane est, relativement au tissu cellulaire, fort peu développée; mais comme nous ne saurions reconnaître aucune génération latérale, nous devons regarder ces feuilles comme appartenant à ce premier système, et dans ces idées la vrille du *Lathyrus aphaca* est aussi une feuille, à la vérité beaucoup plus réduite que les feuilles des *Sedum*. C'est évidemment à ce système qu'appartiennent les feuilles subulées des diverses espèces de la famille des Conifères.

Deuxième système. Symbole = 1, *ou génération latérale pure et simple.*

De même que nous avons vu la feuille de la génération longitudinale simple réduite ou à peu près à la nervure médiane, de même, dans ce second système, nous devrions trouver des feuilles réduites aux deux nervures latérales, la terminale ayant complétement avorté. Leur forme serait cylindrique ou plus ou moins aplatie, mais toujours dirigée obliquement par rapport au pétiole ou plutôt formant avec lui une sorte de T majuscule. Supposons un ensemble de 3 vrilles ou nervures : une moyenne continuant le pétiole et deux latérales. Si celle du centre venait à avorter complétement, le système serait réduit aux deux latérales ou secondaires, par conséquent nous aurions les conditions exigées par la génération latérale pure et simple, puisque nous supposons toute production longitudinale avortée. La feuille du *Smilax aspera*, *fig.* 54, réaliserait cette supposition si la feuille venait à avorter, car les 2 vrilles latérales représenteraient exactement notre second système. Notre mémoire ne nous fournit

(1) De Candolle, *Organog. végét.*, pl. 55, ff, *fig.* 1.

aucun exemple parfait de génération latérale simple réduite aux conditions précédentes. Cependant, peut-être pourrait-on considérer comme des feuilles appartenant à ce système les doubles filets submergés du *Trapa natans* (1). Mais si nous n'avons pas d'exemples de cet état de simplicité, nous en avons au moins d'autres qui s'en rapprochent beaucoup. Ainsi les cotylédons de l'*Ipomœa quamoclit*, dont l'un d'eux est représenté, *fig.* 55, appartiennent évidemment à ce système. Les feuilles unijuguées de quelques *Lathyrus,* sans vrilles, de *Zygophyllum,* de l'*Hymenœa courbaril*, etc., rentrent aussi dans ce système.

Troisième système. Symbole = L = l, *ou générations longitudinale et latérale d'égale intensité.*

Une nervure longitudinale et deux latérales, *fig.* 56, soit qu'elles partent toutes trois de l'extrémité supérieure du pétiole p (1), soit que les 2 latérales émergent de la nervure primaire, qu'elles soient opposées (2) ou alternes (3), qu'elles soient ou non plus ou moins revêtues de tissu cellulaire, constitueraient le type le plus simple de la double génération L = l.

Avant d'aller plus loin, nous devons faire quelques observations sur cette disposition des nervures latérales ou secondaires. En général, elles devraient être opposées, mais elles subissent bien des fois des déplacements souvent assez prononcés pour qu'elles soient réellement régulièrement alternes. Ces sortes de nervures peuvent se montrer quelquefois émanant de points assez élevés sur la nervure principale, *fig.* 56, 3. D'autres fois, elles se rapprochent de la base de la nervure primaire (2). Souvent on les voit partir du même point, sur le pétiole, que la nervure médiane (1); enfin, dans quelques circonstances, continuant cette marche descendante, on les voit descendre encore de telle façon qu'elles semblent partir de points assez distants de la base de la nervure principale, et pourtant, dans ce cas, il est impossible de les considérer autrement que comme des nervures secondaires; car elles sont évidemment les analogues des autres secondaires sur la nature desquelles le plus léger doute n'est pas permis.

(1) De Candolle, *Organog. végét.*, pl. 55, ff, *fig.* 1.

Nous ne saurions présentement donner d'exemple bien connu de feuilles réduites aux trois nervures ; mais en supposant absentes les folioles de quelques *Lathyrus*, on aurait à peu près l'exemple de ce type à son état de plus grande simplicité. Les feuilles les plus voisines de cet état appartenant à ce système sont assez fréquentes dans les genres *Fragaria*, *Trifolium*, *Phaseolus*, *Dolichos*, *Psoralea*. Enfin, toutes les feuilles franchement trilobées ou trifoliolées sont évidemment de ce système, ainsi que les feuilles entières qui sont dans les conditions suivantes :

Si nous supposons que l'intervalle de chacune des nervures np, ns, *fig.* 56, se remplit entièrement de tissu parenchymateux de manière à ne produire aucune dentelure, comme on le voit *fig.* 57, 1, nous aurons la feuille entière du *Syringa vulgaris*. Si l'exastosie ou l'individualisation de chaque nervure principale se prononce un peu, chaque nervure aura de la tendance à s'isoler; mais, encore unies par la base, elles formeront la feuille trilobée 2, qui est celle de quelques Malvacées et de beaucoup d'autres plantes. Si l'exastosie est assez prononcée pour que l'individualisation se porte jusqu'au pétiole, alors nous aurons la feuille trifoliolée des genres dont nous venons de parler, *fig.* 57, 3.

Dans ces exemples, on voit que toute la différence tient à une quantité plus ou moins grande de tissu cellulaire qui vient à se produire entre les nervures, et une distribution de ce tissu, réparti proportionnellement entre elles, les dispose toutes suivant un ordre régulier que nous avons examiné à l'article 2. Quant à présent, nous pouvons constater que, généralement, les premières nervures secondaires n s, *fig.* 56, 1, 2, 3, forment avec la nervure principale un angle de 45 à 50° environ. Or, il peut arriver aussi que la proportion de tissu cellulaire qui se forme entre la nervure primaire et la nervure secondaire soit plus considérable ; dans ce cas, la nervure secondaire sera repoussée et même réfléchie sur le pétiole, et alors nous aurons la forme plus ou moins hastée, dont la feuille de la Fléchière (*Sagittaria Sagittifolia*) nous offre l'exemple, *fig.* 57, 4.

Ces quatre exemples de feuilles font aisément comprendre que les nervures secondaires ont une force génératrice très-sensiblement égale à celle de la nervure principale ou primaire, puisque l'on peut les concevoir composées de la même façon toutes trois;

composition qui se trouve déjà justifiée assez exactement par les folioles latérales égales à la foliole terminale, *fig.* 57, 3. Donc on peut dire L = 1.

Si L = 1 reste sensiblement constant dans la division ou composition plus ou moins avancée des folioles primaires et secondaires, elles-mêmes allant de la composition à la bi, tri, quadri, quinticomposition, etc., on peut dire que la génération latérale égale la génération longitudinale, et qu'en conséquence, même pour les cas les plus complexes, L = 1. C'est précisément le cas des feuilles composées des Ombellifères en général, de quelques Renonculacées (*Aquilegia*, *Pæonia*, *Actea spicata*, etc.), de quelques Rosacées (*Spirea acuminata*, etc.), et de la feuille représentée *fig.* 10, dont chaque foliole latérale reproduit la composition exacte que l'on observe dans la foliole terminale. Les feuilles des *Fœniculum vulgare* et *dulce* peuvent être regardées comme le type le plus simple d'une des feuilles composées, puisqu'elles sont presque réduites aux nervures.

La *feuille simple* d'un pareil système peut se déduire de l'observation suivante. Si l'on conçoit une courbe passant par les points extrêmes de toutes les folioles périphériques qui constituent la feuille composée, *fig.* 10, ou la foliole composée, *fig.* 11, et se rejoignant au sommet du pétiole, on aura sensiblement une figure cordiforme qui peut être plus ou moins allongée, ou approchant plus ou moins d'une forme triangulaire, *fig.* 57, 1 et 4. Si la génération latérale était exactement égale à la longitudinale, nous aurions la forme approchée d'un triangle isocèle plus large que haut, ou plutôt d'un quadrilatère particulier dont aucun des côtés ne se trouve parallèle avec un autre, et qui, étant le type naturel d'un assez grand nombre de feuilles, pourrait prendre le nom de *quadrilatère folial*, *fig.* 58. Ce quadrilatère serait caractérisé par deux angles latéraux, cc', égaux; un angle terminal aigu, a, opposé à un angle obtus b. Les deux côtés contigus ca, ac', égaux plus grands que les deux côtés contigus, opposés et égaux aussi cb, bc'. Or, cette forme de quadrilatère, qui est assez exactement celle de quelques feuilles, particulièrement celles du *Rumex abyssinicus*, *fig.* 59, est évidemment symétrique par rapport à la ligne ab, et ne l'est nullement par rapport à un point ou un plan; car les droites dd', cc', ee', *fig.* 58, perpendiculaires à ab, conduisent seules à des parties homologues (1). Remarquons aussi que si la génération latérale se fût moins prononcée sur les nervures tertiaires ou quaternaires qui ont déterminé la formation des côtés cb, bc', on n'eût plus eu qu'une feuille à peu près limitée à cc' comme base, et par conséquent la feuille eût été sensiblement triangulaire.

Nous verrons plus tard comment on peut aisément passer de la forme triangulaire à celle en cœur et réciproquement (sixième système).

Nous avons donné, dans l'article premier, les lois de la composition des feuilles de ce système; il est, par conséquent, inutile d'y revenir ici. Nous ajouterons seulement que l'exastosie circulaire qui fait la composition des feuilles de ce système est très-rarement poussée assez loin pour arriver à en faire des éléments facilement caduques. Cependant, dans les feuilles de plusieurs *Aralia* qui appartiennent évidemment à ce système, non-seulement toutes les folioles sont articulées, mais encore tous les *mérithalles foliaires* le sont aussi tellement, qu'ils finissent par tomber d'eux-mêmes les uns après les autres.

Quatrième système. Symbole L < l, *ou génération latérale plus grande que la longitudinale.*

Dans ce système, nous reconnaissons encore deux sortes de générations, savoir : 1° la longitudinale, c'est-à-dire celle qui fait que la nervure primaire tend à répéter, en s'élevant de plus en plus, les premières nervures secondaires; de sorte que l'on a une série de nervures secondaires, mais d'un ordre de plus en plus élevé (art. 2 et *fig.* 47); 2° la génération latérale, c'est-à-dire celle dans laquelle la nervure secondaire ne se borne pas à produire une série de nervures tertiaires, mais une série de nervures toujours de plus en plus latérales. En d'autres termes, pour bien fixer les idées, nous appelons génération latérale la tendance qu'a la nervure ou la foliole secondaire à produire une nervure tertiaire; celle-ci une quaternaire, etc. Par exemple, dans la *fig.* 60, a, qui représente la nervation d'une feuille de ce système, on

(1) Voir nos *Études sur la symétrie considérée dans les trois règnes de la nature.* Paris, 1855.

voit : en 1 la nervure principale ou primaire, celle qui doit produire les générations longitudinales ou la série des secondaires, et par conséquent les deux premières secondaires, 2 et son opposée; en 2, la première latérale secondaire destinée à produire la première tertiaire 3, laquelle produira à son tour la première quaternaire 4, et ainsi de suite.

Si maintenant nous supposons toutes ces nervures et les espaces vides compris entre elles couverts ou remplis de tissu cellulaire, nous aurons constitué la *feuille simple* de ce système, qui est celle d'un assez grand nombre de plantes, et en particulier celle représentée *fig.* 60 b, qui n'est pas constituée autrement que le sont les feuilles de *Petasites hybrida, fig.* 41, a, celle des *Petasites vulgaris, niveus; Nardosmia fragrans; Althœa rosea*, etc.

Si nous supposons l'exastosie assez prononcée pour faire de chacune des nervures 1, 2, 3, 4, 5, 6, le centre d'une foliole distincte ou à peu près, nous aurons assez fidèlement reproduit la feuille représentée *fig.* 61, a, qui n'est autre que la feuille de l'*Helleborus viridis* ou *fœtidus*, *fig.* 40. L'*Arum dracunculus* (1) et l'*Arum* indéterminé que De Candolle a figuré (2), présentent le caractère de génération latérale d'une manière plus exagérée encore que la feuille de l'Hellébore, arrivant à une vraie composition latérale, avec folioles articulées chez les *Pavia*, *Cissus quin-*
Pl. IX. *quefolius, Æsculus hippocastanum*, *fig.* 64, etc.

Mais puisque la nervure secondaire, ou foliole, donne successivement des nervures ou folioles d'un ordre plus élevé, tandis que la nervure primaire, *fig.* 61, a, ne reproduit plus aucune foliole, il en résulte que la génération latérale l'emporte sur la génération longitudinale, et, par conséquent, que le symbole L < l se trouve parfaitement justifié.

De même que nous avons vu les deux premières nervures secondaires descendre sur la nervure primaire, jusqu'à confondre leur exsertion du pétiole avec celle de la nervure primaire, et même s'en détacher pour prendre une exsertion un peu distincte de celle de la nervure principale, de même aussi les nervures

(1) Turpin, *Iconog. végét.*, tabl. 43 *bis*.
(2) *Organog. végét.* Paris, 1827, t. II, pl. 13.

tertiaire, quaternaire, quinaire, sénaire, etc., peuvent se rapprocher de la base de la nervure secondaire, et non-seulement paraître émerger du même point, mais même s'en séparer et constituer, en quelque sorte, autant de points différents, *fig.* 61, b. Dans ce cas, il deviendrait à peu près impossible de saisir la véritable signification et l'ordre de génération de ces nervures, si l'on n'avait le soin de procéder, comme nous l'avons fait, des nervures des *Helleborus* ou *Arum* précités aux nervures de certaines feuilles quinti ou septemlobées, *fig.* 62, b, où les nervures latérales de divers ordres se rapprochent beaucoup plus de la nervure primaire, en passant par la *fig.* 62, a, où les nervures, par leur position, indiquent encore l'ordre de leur génération.

Dans ces conditions, c'est-à-dire lorsque les nervures d'ordres divers émergent de différents points du pétiole, si le nombre des nervures ou des folioles n'excède pas le chiffre 5 ou 7, l'exsertion des nervures a très-souvent lieu suivant un plan qui passerait par le centre du pétiole et le plan de la feuille *fig.* 61, b. Mais si le nombre des nervures ou des folioles est considérable, il faut de toute nécessité que les nervures ou folioles soient disposées suivant une courbe circulaire plus ou moins fermée, dont le plan couperait le pétiole plus ou moins obliquement, comme dans la *fig.* 63, a ; sans cela il faudrait admettre que des nervures ou des folioles formées à l'extrémité du pétiole seraient fondues ou absorbées par le pétiole même, ce qui serait absurde. Donc, *lorsque le nombre des éléments foliaires dépasse celui qui peut se placer circulairement autour du sommet arrondi du pétiole*, de façon à ce que pétiole et nervures soient dans le même plan, *il y a obligation organogénique pour les éléments de se disposer suivant un plan dans lequel ne peut être compris le pétiole*. L'abondance du tissu cellulaire entre les nervures conduit aux mêmes résultats en écartant les nervures de telle façon que quelques-unes d'entre elles soient forcées de se rejeter sur le pétiole. Ainsi, chez les *Pavia*, les folioles, au nombre de cinq, sont encore assez sensiblement dans le même plan que le pétiole ; chez le Marronnier d'Inde, les folioles, au nombre de sept, rarement de neuf, *fig.* 64, sont déjà disposées suivant un plan plus oblique sur le pétiole, et les feuilles des Lupins sont disposées suivant un plan à peu près perpendiculaire au pétiole.

De cet ensemble de faits, on peut, ce nous semble, établir cette première loi :

Première loi : *La perpendicularité du limbe d'une feuille de la forme* L<l *sur le pétiole, paraît être en raison directe du nombre de folioles ou de nervures qui partent simultanément du sommet du pétiole.*

Une pareille observation peut être faite sur les feuilles entières. En effet, si nous observons la feuille de *Geranium*, *fig.* 65, 1, nous constatons qu'au sommet du pétiole, malgré la *latérinervation* qui porte le nombre des nervures à 9 ou 11, il n'y a réellement que trois nervures partant du sommet du pétiole. Aussi la feuille entière peut-elle être sensiblement comprise dans le même plan que le pétiole ; mais déjà dans la feuille du *Menispermum canadense*, *fig.* 65 *bis*, et celle du *Cissampelos pareira*, *fig.* 65, 2 (1), le nombre des nervures partant du sommet du pétiole étant plus grand, le limbe est un peu oblique sur le pétiole. Dans les *Ricinus*, *fig.* 66, le limbe est un peu plus perpendiculaire au pétiole ; il l'est plus encore dans la feuille peltée de la Capucine, *fig.* 63, b, et surtout dans la feuille de l'*Hydrocotyle vulgaris* (2).

Quelquefois, soit que le tissu cellulaire soit très-abondant, soit que la génération latérale soit poussée à l'extrême, comme cela a lieu pour les feuilles de certains *Geranium* (*angulatum*, *eflexum*, *polypetalum*, etc.), les petits bords rentrants de la feuille, a, b, *fig.* 65, 1, viennent à se recouvrir et à simuler une feuille peltée, mais où le bord à cet endroit est complétement libre. Nous y avons cependant trouvé quelquefois un défaut d'exastosie qui en avait fait une vraie feuille peltée.

D'autres fois, sans que l'on puisse attribuer le phénomène à la génération poussée à l'extrême, on voit le tissu parenchymateux tellement abondant qu'il forme un bord saillant qui unit les deux dernières nervures de façon à constituer une vraie feuille peltinerve, comme on le voit dans les *Menispermum canadense*, *fig.* 65, 2, et *Cissampelos pareira*. Ces deux exemples de *Geranium* et de *Menispermum* ou de *Cissampelos* suffisent pour dé-

(1) De Candolle, *Organog. végét.* Paris, 1827, t. II, pl. 13.
(2) Turpin, *Iconog. végét.*, tabl. 8, *fig.* 9.

montrer qu'entre la feuille *palminerve* et la feuille *peltée* il n'y a pas d'autres différences qu'une génération latérale poussée plus loin, ou une plus grande formation de parenchyme, dans un cas que dans l'autre, avec défaut d'exastosie entre les deux petits bords de dernière formation.

La génération latérale peut quelquefois être poussée assez loin, et chez quelques Lupins elle est telle, que les folioles paraissent disposées les unes sur les autres, comme si elles formaient deux verticilles. On peut remarquer aussi que leurs folioles sont à peu près de même longueur, et que le plan de leur limbe est sensiblement perpendiculaire au pétiole. Les feuilles de la plupart des *Oxalis*, sans être surchargées de folioles, donnent lieu à une semblable observation relativement à la perpendicularité du limbe sur le pétiole.

C'est à cette génération latérale plus grande que la génération longitudinale qu'il convient de rapporter les feuilles concaves ou en cornet de l'Écuelle d'eau, ou du *Nelumbo lutea*, *fig.* 67, chez lesquelles la perpendicularité sur le pétiole du plan des bords du limbe est on ne peut plus manifeste. Or, on remarquera que les éléments circulaires de ce limbe sont à peu près de même grandeur, et que, conséquemment, comme dans les exemples précédents, et surtout des Lupins et des *Oxalis*, il y a une relation non équivoque entre la grandeur des éléments et la perpendicularité du limbe sur le pétiole. D'où l'on peut déduire cette deuxième loi :

Deuxième loi : *Dans une feuille latéricomposée ou de la forme* $L < l$, *l'inégalité des divers éléments qui composent le limbe est en raison inverse de sa perpendicularité sur le pétiole.*

Il n'est pas rare de trouver des feuilles de Ricin qui présentent, comme les feuilles des *Hydrocotyle* ou des *Nelumbo*, une concavité supérieure quelquefois très-prononcée. L'explication de cette concavité est des plus simples. Supposons, en effet, que les nervures de différents ordres 1, 2, 3, 4, 5, 6, *fig.* 63, a, plus ou moins dressées, soient réunies par un tissu cellulaire relativement moins abondant que dans la feuille peltée de la Capucine, et surtout *proportionnellement* de moins en moins abondant en partant du centre de la feuille, il en résultera que ces nervures seront retenues plus ou moins voisines les unes des autres par le tissu cellulaire, comme le sont les branches d'un parapluie par l'étoffe qui le constitue.

De la comparaison des nervures d'une feuille simple de ce système, on peut tirer deux nouvelles lois qui souffrent peu d'exception, savoir :

Troisième loi : *Dans une feuille simple de la forme* L < 1, *dont le plan du limbe n'est pas perpendiculaire au pétiole, la longueur des nervures latérales est en raison inverse de l'ordre de leur génération.*

En effet, dans la *fig.* 63, a, la nervure 1, la première formée, est plus longue que la nervure secondaire 2 ; celle-ci plus longue que la nervure tertiaire 3 ; cette troisième plus longue que celle de quatrième ordre, 4, et ainsi de suite. Par conséquent, plus l'ordre de la nervure est élevé et moins elle a de longueur.

Corollaire. *Chaque nervure pouvant devenir le centre d'une foliole, il s'ensuit que la loi est applicable aux feuilles composées de ce système.*

Quatrième loi : *Dans une feuille simple de la forme* L < 1, *dont le plan du limbe n'est pas perpendiculaire au pétiole, l'ouverture des angles que forme chaque nervure de nouvelle génération avec celle qui la précède, est en raison inverse de l'ordre de leur génération.*

Par exemple, *fig.* 63, a, l'angle 1P2 est plus grand que l'angle 2P3 ; cet angle plus grand que 3P4 ; celui-ci plus grand que 4P5, et ce dernier plus grand que 5P6.

En effet, la nervure P3 forme avec la nervure P1 un angle droit, ou à peu près, facile à constater sur les feuilles 64 et 66. Mais l'angle droit 1P3 n'est formé que des deux angles 1P2 + 2P3 ; tandis que l'autre angle droit, 3P7, contient les angles 3P4 + 4P5 + 5P6 + 6P7, direction de 1P continué.

Enfin, de tout ce qui précède, on peut encore déduire la conséquence suivante :

Corollaire général pour les feuilles de ce système :

L'ouverture des angles que forment entre elles les nervures des feuilles de la forme L < 1 *est en raison directe de leur longueur.*

Car si les nervures sont d'égale longueur, le limbe de la feuille sera perpendiculaire au pétiole (deuxième loi), et dans ce cas la formation du tissu cellulaire proportionnelle à la formation du tissu vasculaire. Remarquons toutefois que la perpendicularité exacte du limbe sur le pétiole, l'égalité parfaite des nervures ou de l'ouverture des angles, quoique pouvant réellement exister, ne sont cependant pas rigoureusement mathématiques et se tirent plutôt du raisonnement exercé sur les observations précédentes que sur un exemple parfaitement exact de feuilles constituées d'après les lois indiquées.

Puisque nous admettons que dans ce système la génération latérale est plus grande que la longitudinale, il s'ensuit que la feuille doit nécessairement être plus large que longue, et c'est en effet ce que présentent beaucoup de feuilles dérivant de ce système. L'exemple le plus propre à justifier les caractères de ce système se trouve dans la feuille du *Passiflora perfoliata*, *fig.* 68, dans laquelle nous voyons la génération longitudinale, a, considérablement réduite; tandis qu'au contraire la génération latérale, b, prend un très-grand développement. On pourrait donc regarder cette feuille comme type des feuilles entières de ce système réduit à son état de plus grande simplicité, puisqu'il se compose de la nervure principale très-réduite et seulement de deux nervures latérales ayant chacune au moins le double de longueur de la nervure principale.

Les feuilles du *Bauhinia purpurea*, *fig.* 85, établiraient le passage de la feuille précédente à la feuille réniforme du *Cercis siliquastrum*, *fig.* 84, de l'*Asarum europœum*, etc., conduisant elles-mêmes aux feuilles plus ou moins allongées et lobées des *Cucurbita*, de l'*Athœa rosea*, etc.

Cinquième système. Symbole L > 1, *ou génération longitudinale plus grande que la latérale.*

Le type de cette double génération, réduit à son état le plus simple, paraît exister dans les feuilles submergées du *Trapa natans* figurées par Turpin (1), et alors nous avons une feuille réduite à ses nervures plus ou moins analogue à celle que représente la *fig.* 69, 1. S'il était juste ou démontré que certaines

(1) *Iconog. végét.*, tabl. 12, *fig.* 5.

vrilles de cucurbitacées dussent être regardées comme des feuilles, nous aurions encore un exemple assez exact de feuilles sans parenchyme et réduites à leurs nervures principales. Les vrilles de la plupart des viciées, en particulier celles du *Lathyrus odoratus* (1)
Pl. X. et du *Lathyrus platiphyllus*, *fig.* 70, réalisent ce type jusqu'à un certain point, puisque, à part les deux folioles, nous y voyons trois paires de vrilles secondaires rappelant la position des folioles et une vrille terminale représentant l'*impaire* d'une feuille composée.

Si l'on suppose que chaque nervure, nécessairement plus espacée de sa voisine que dans la *fig.* 69, 1; si l'on suppose, disons-nous, que chaque nervure vient à se charger de tissu cellulaire de façon à former une foliole, on aura une feuille composée, à peu de choses près, semblable à celle reproduite en 2, qui est la feuille composée d'un grand nombre de Légumineuses (*Galega*, *Glycyrrhiza*, *Robinia*, etc.). Si le tissu cellulaire est assez abondant, alors non-seulement le rachis en sera comme bordé, mais aussi une partie des espaces interfoliolaires sera comblé, et il en résultera une feuille pinnatifide, pinnatipartite ou pinnatiséquée, *fig.* 69, 3, selon que ces intervalles seront plus ou moins remplis par le tissu cellulaire. Enfin, si le tissu parenchymateux comble tous les espaces compris entre toutes les nervures, il formera la feuille simple, elliptique, oblongue, *fig.* 69, 4, qui sera très-allongée ou très-raccourcie, selon la longueur relative des nervures secondaires ou latérales et de la nervure principale.

On peut remarquer que la répétition des éléments se fait dans le sens de la longueur et fort peu dans le sens de la largeur, puisque nous avons de 5 à 11, 13, etc., répétition du premier élément (nervure ou foliole), et que chaque élément ne se compose pas pour former une génération latérale. Par conséquent, la génération longitudinale est plus prononcée que la génération latérale; donc L > l.

Comme nous venons de le dire, le caractère essentiel de ce système est de donner lieu à une forme allongée, elliptique, lancéolée, oblongue, dont les feuilles de Pêcher, d'Amandier, de Laurier-rose, etc., nous offrent d'excellents exemples comme

(1) *Iconog. végét.*, tabl. 55.

feuilles simples. Les feuilles ou les frondes des *Valeriana dioica*, du *Polypodium vulgare*, du *Comptonia asplenifolia* (1), etc., nous fournissent des exemples de *feuilles lobées* de ce système. Enfin les feuilles du *Robinia pseudo-Acacia*, des divers *Rosa*, des *Gleditschia*, des *Mahonia*, etc., sont des *feuilles composées* de ce système qui, malgré leur composition, conservent encore leur forme elliptique.

C'est dans ce système que l'on rencontre particulièrement les feuilles que les botanistes nomment *composées*. Cette distinction tient à une particularité remarquable de cette espèce de feuilles, que l'on est loin de rencontrer au même degré dans les autres systèmes. Ici, en effet, l'exastosie peut être poussée à tel point que non-seulement toutes les folioles sont réellement articulées sur le rachis, mais aussi les foliolules des feuilles bi-composées, ce qui les rend toutes très-facilement caduques. Enfin ce degré d'individualisation est quelquefois tellement prononcé, que chaque feuille, chaque foliole et même chaque foliolule porte à sa base un bourrelet assez proéminent qui paraît être quelquefois le siége de mouvements remarquables que chacune de ces folioles accomplit.

La forme elliptique se conserve encore, même dans les feuilles bi ou tricomposées de ce système, car c'est à lui qu'il faut rattacher la feuille de l'artichaut (2), et celle surtout de l'*Achillea millefolium*, *fig.* 71, 1. Cependant cette forme elliptique n'est pas toujours aussi parfaitement conservée dans l'ensemble des foliolules qui constituent les feuilles bicomposées des légumineuses (*Poinciana pulcherrima* (3), *Acacia lophanta*, *Julibrissin*, etc.). Cela tient à coup sûr à ce que la génération longitudinale appartenant aux nervures secondaires est évidemment exagérée. C'est qu'en effet cette exagération de génération longitudinale aux dépens de la latérale est un des caractères distinctifs de ce système, et c'est en vertu de cette génération exagérée que certaines feuilles de ce système prennent des formes si allongées.

Ainsi, pour résumer les caractères principaux de ces trois sys-

(1) Turpin, *Iconog. végét.*, tabl. 9, *fig.* 5.
(2) *Ibid.*, *fig.* 8.
(3) *Ibid.*, tabl. 12, *fig.* 1.

tèmes, nous dirons que, tandis que dans le troisième système (L=1) la génération latérale marche à peu près de pair avec la longitudinale, nous voyons dans le quatrième système (L < 1) la génération longitudinale céder le pas à la latérale, alors qu'au contraire, dans le cinquième système (L > 1), c'est la longitudinale qui a la prédominance.

Il en résulte que cette prédominance se conserve même dans la composition des folioles pour faire les foliolules de la bicomposition des Légumineuses, *fig.* 72, folioles et foliolules remarquables quelquefois par le nombre considérable qui entre dans la composition de chaque feuille. Ainsi, par exemple, dans l'*Acacia dealbata*, *Link*, de la Nouvelle-Hollande, les feuilles sont bicomposées et formées souvent de vingt à vingt-cinq paires de folioles, composées elles-mêmes parfois de quarante à cinquante paires de foliolules, ce qui porte le nombre des éléments foliolaires au chiffre énorme d'au moins cinq mille pour chaque feuille. Or, ce nombre, calculé d'après la loi de composition des feuilles du système L=1, donnerait une composition élevée à la septième ou huitième puissance (*septemcomposition* ou *octocomposition*), et nous n'avons cependant ici qu'une bicomposition. Ce caractère est donc des plus importants pour la distinction des feuilles composées des divers systèmes. Ajoutons que le quatrième système L < 1 est loin de présenter un nombre à beaucoup près aussi considérable d'éléments foliaires dans la composition des feuilles qui en dérivent. Mais indépendamment de cette composition insolite des feuilles du cinquième système, nous en trouvons une autre que nous regardons comme beaucoup plus normale, en ce qu'elle se produit sans changer en rien la forme de la feuille simple du même système. Ainsi dans la feuille de l'*Alchemilla millefolium*, *fig.* 71, 1, nous reconnaissons une composition qui va jusqu'à la quatrième puissance (quadricomposition), car dans la *fig.* 71, 2, nous constatons qu'il y a une foliole de quatrième génération, d, à la base de la foliolule de troisième génération, c. Mais elle arrive à la quadricomposition bien différemment que la feuille du système L=1, car tandis que la composition de ce dernier système est d'autant plus grande qu'on l'examine à la base de la feuille, dans les feuilles composées du système L > 1 la composition va croissant de la base au milieu de la feuille, puis elle recommence à se simplifier de plus en plus, jusqu'à ce qu'elle soit arrivée au sommet de la feuille, où l'on retrouve l'élément le plus simple que l'on a déjà pu observer à la base.

La forme générale des feuilles de ce système et les observations que nous venons d'exposer permettent de tirer ces deux lois qui sont assez générales :

Première loi : *Dans les feuilles simples ou composées du système* $L > l$, *les nervures ou les folioles sont généralement entre elles comme les ordonnées d'une courbe sensiblement elliptique qui aurait pour limites les deux extrémités du limbe et pour abcisses la nervure principale ou rachis.*

Car la feuille 72, malgré sa bicomposition, conserve la forme elliptique que nous avons reconnue à la feuille simple du système *fig.* 69, 4, et que l'on retrouve encore dans la feuille composée, *fig.* 69, 2.

Corollaire. *Dans une feuille simple ou dans une feuille composée, les plus grandes nervures secondaires ou les plus grandes folioles sont très-sensiblement vers le milieu de la feuille.*

En effet, la feuille, malgré sa composition, conserve sa forme elliptique : donc, en faisant passer une ligne par les extrémités de toutes les folioles on aura une courbe elliptique, comme dans la *fig.* 72, b a c, et l'on peut voir que la plus grande foliole composée est en a, tandis que les folioles b et c sont moins grandes. On peut remarquer encore que chaque foliole composée, b, conserve aussi sensiblement sa forme elliptique, qui se trouve bien mieux conservée encore dans la feuille composée *fig.* 69, 2.

Deuxième loi : *Dans les feuilles bicomposées du système* $L > l$, *les folioles composées sont entre elles comme les ordonnées d'une courbe à peu près elliptique dont le grand axe serait le rachis lui-même.*

Car la foliole, *fig.* 71, 2, est prise à peu près au milieu de l'ellipse très-allongée que forment ensemble les divers éléments qui constituent la feuille de l'*Achillea millefolium*, *fig.* 71, 1, et les folioles vont sans cesse se simplifiant à mesure qu'elles se rapprochent des deux extrémités de la feuille. Il y a cependant à signaler une petite différence, qui fait que dans cette feuille la plus grande ordonnée de la courbe, ou la foliole la plus composée, se trouve portée un peu plus vers l'extrêmité supérieure de la feuille, tandis que dans quelques cas, surtout pour les feuilles simples, elle se trouve un peu plus vers la base ; de sorte que cet élément de la feuille peut osciller un peu de haut en bas, sans cependant faire perdre à la feuille son caractère spécial. On remarquera seulement que du côté où se porte la plus grande ordonnée de la courbe, la simplification des éléments est plus brusque que de l'autre, ce qui confirme pleinement la loi. Ainsi, dans la *fig.* 71, 1, la plus grande ordonnée doit être placée un peu plus près de l'extrémité supérieure de la feuille, par la raison que le nombre des éléments simples, b, est moins grand de ce côté que vers la base, où l'on trouve une suite de quatre folioles simples, rudimentaires, a.

Ces deux lois démontrent que la forme générale des feuilles de ce système est plus ou moins *elliptique*, *ovale* ou *obovale*, et qu'elles excluent toute feuille palmatiforme ou réniforme. C'est exactement le contraire du système précédent L < l, qui doit exclure toute feuille essentiellement elliptiforme. Nous verrons, toutefois, un peu plus loin que les feuilles peuvent, par déviation de ces deux types, se rapprocher les unes des autres ; mais ces feuilles hétéromorphes laissent aisément voir qu'elles n'appartiennent pas franchement au système d'où l'on serait tenté de les faire dériver.

Deux caractères assez importants de ce système se tirent essentiellement de la nervation.

1° Nous avons établi, par notre première loi sur les feuilles du système L=l, que la profondeur des sinus, la distance qui sépare les folioles ou les nervures, la longueur des pétioles et des pétiolules étaient d'autant plus prononcées que les éléments foliolaires étaient de plus ancienne formation. Ici, rien de cela n'a lieu : les distances entre les folioles ou foliolules et les longueurs des pétioles ou pétiolules sont sensiblement les mêmes, malgré des dissemblances assez notables dans la grandeur des folioles ; et s'il se présentait quelques différences dans les distances, cela pourrait être dû à des causes physiologiques qui auraient fait des déplacements de folioles à peu près comme ces déplacements de feuilles sur la tige dont, autre part, nous avons fait connaître de nombreux exemples (1).

2° D'un autre côté, nous avons fait voir que dans les feuilles du système L < l, les éléments foliolaires, quand ils étaient assez nombreux, forçaient le limbe à se coucher sur l'extrémité du pétiole, tellement que le plan de certains limbes était sensiblement perpendiculaire au pétiole. Dans ce cinquième système, L > l, rien de tout cela ne peut arriver, car c'est tout au plus si trois nervures partent en même temps du sommet du pétiole : il en résulte que la génération longitudinale étant très-prononcée, tous les éléments foliolaires peuvent se ranger, sans gêne, le long du rachis, et, par conséquent, dans le plan que forment ensemble les nervures et le pétiole. *Il est donc impossible de rencontrer une seule feuille de ce système ayant un limbe perpendiculaire au pétiole.*

Toutefois, si les éléments ou folioles qui constituent la feuille composée venaient à se composer eux-mêmes par exastosie bien prononcée, et de façon à former plusieurs générations latérales, alors le plan de chaque foliole, au lieu de rester compris dans celui des nervures secondaires et du pétiole, pourrait devenir latéralement perpendiculaire au rachis. C'est ce que l'on peut observer sur la feuille de l'*Achillea millefolium*, *fig.* 71, 1, dont une foliole séparée, 2, à plan perpendiculaire au rachis, démontre que la composition latérale s'élève à la quatrième puissance.

Sixième système. Symbole $\frac{L > l}{L < l}$ ou $\frac{L > l}{l > L,}$ *ou génération longitudinale plus prononcée, placée au-dessus d'une génération latérale plus prononcée.*

Nous avons déjà vu les deux systèmes L et l se combiner pour former les trois systèmes précédents, savoir : L = l, L < l et L > l. Ce sont les combinaisons les plus simples et les plus générales. Nous allons maintenant voir que les deux derniers systèmes se combinent aussi pour constituer deux nouveaux systèmes dont l'un d'eux est le sujet qui doit nous occuper ici.

(1) *Obs. dédoub. vég.* (*Compte rendu de l'Institut*, mars 1855. *Bull. soc. bot. France*, avril 1855.)

Le type le plus simple de cette forme serait celui qui résulterait d'un ensemble de nervures disposées comme dans la *fig.* 73, où l'on voit le système L > l représenté en L et le système l > L représenté en l. Nous ne connaissons pas d'exemples de cet état de simplicité, mais les premières feuilles de l'*Ipomea Quamoclit* (*Quamoclit vulgaris*, Chois.), *fig.* 74 (1), nous semblent en approcher beaucoup. En effet, le système L appartient évidemment à une génération longitudinale plus grande puisqu'il y a répétition de nervures secondaires disposées le long du rachis et que ces nervures sont à peine accompagnées de parenchyme, ce qui les réduit à de simples lanières. Quant au système l, on le reconnaît à ses quatre lanières émanant à peu près du même point au sommet du pétiole et aux deux lanières inférieures beaucoup plus courtes que les lanières qui leur sont supérieures.

D'ailleurs, si l'on suppose les espaces compris entre les nervures, *fig.* 73, remplis en partie de tissu cellulaire, on aura une forme voisine de la feuille d'une variété de Figuier, *fig.* 75, et dont le squelette, *fig.* 76, est bien évidemment analogue à la *fig.* 73. Or, dans la feuille en question, nous reconnaissons la tendance de chaque nervure à former des lobes qui appartiennent au système L > l ; et ce système est celui de la nervure médiane qui forme le lobe terminal et supérieur. Mais en même temps nous voyons partir de l'extrémité supérieure du pétiole, c'est-à-dire à la base du limbe, indépendamment de la primaire, quatre nervures : deux secondaires et deux tertiaires qui semblent sortir de points très-rapprochés. Chacune de ces nervures tend également à former des lobes plus ou moins profonds, de sorte qu'ici nous avons une véritable génération latérale surmontée d'une longitudinale, et comme la latérale occupe exactement la base du limbe de la feuille, il est exact de dire que deux systèmes composent cette sorte de feuille, et que $\frac{L > l}{l > L.}$

Si le tissu cellulaire emplissait tous les intervalles compris entre les différents lobes de l'exemple précédent, on aurait la constitution d'une feuille qui serait plus ou moins *hastée*, *sagittée*, ou *en fer de flèche* : telles sont celles de l'*Arum vulgare*, du *Sagit-*

(1) Tirée de l'*Organog. végét.* de De Candolle, pl. 19, *fig.* 2.

taria sagittifolia, *fig.* 57, 4, du *Rumex abyssinicus* (1), des *Calystegia sepium* et *pubescens*, *fig.* 77, et dans ce cas nous aurions la feuille simple de ce système, qui offre à l'esprit les considérations suivantes.

Si, pendant que la feuille tend à s'allonger par le sommet, elle tend aussi à s'élargir par la base, il doit de toute nécessité en résulter une forme générale se rapprochant plus ou moins de celle du triangle isocèle dont le sommet représenterait l'extrémité supérieure de la feuille simple.

Si, en effet, la force végétative longitudinale AC, *fig.* 78, et la force végétative latérale CB,CB', étaient accompagnées d'une production intermédiaire, proportionnelle et suffisante de tissu cellulaire, il se formerait certainement une feuille triangulaire isoscèle, plus longue que large, dont les côtés AB,AB' seraient sensiblement égaux, et devraient être regardés comme la résultante des deux forces végétatives CA, d'une part, et CB,CB' de l'autre.

Hâtons-nous de dire qu'il est rare que la nature agisse aussi géométriquement dans la production des parties végétales. Cependant, si nous considérons certaines feuilles d'*Arum vulgare* ou *italicum*, notre esprit n'éprouve aucune difficulté pour admettre que dans leur formation les choses se passent bien ainsi que nous venons de le dire.

Quant aux deux forces ou générations que nous venons d'indiquer, elles sont des plus évidentes, car en prenant pour exemple la feuille du *Convolvulus arvensis*, *fig.* 79, on reconnaît en L un lobe dont la génération est évidemment analogue à celle qui aurait fait la feuille de Pêcher par exemple, et en l l' deux lobes latéraux dont la formation est évidemment de même origine que les deux cotylédons du Quamoclit, *fig.* 55.

Le type de la feuille composée de ce sixième système, réduit à sa plus simple expression, devrait être construit d'après la *fig.* 80, a, Pl. XI.
c'est-à-dire réduit aux nervures, et en admettant que chaque nervure devînt le centre d'une foliole ou foliolule, on aurait une feuille composée comme l'est celle représentée en b, *fig.* 80. Nous ne savons si de pareilles feuilles existent construites exacte-

(1) Turpin, *Iconog. végét.*, tabl. 9, *fig.* 1 et 2.

ment sur cette forme ; mais ce que nous n'ignorons pas, c'est que certaines feuilles sont à peu près latéricomposées ou même tout à fait composées latéralement (Potentilles), et chaque lobe ou foliole présentant longitudinalement des lobes plus ou moins profonds, tendent, par conséquent, à une composition longitudinale. Telles sont les feuilles de certaines Potentilles, de certains *Geranium*, en particulier des *Geranium Robertianum* ou *parviflorum* et celles du *Jatropha multifida*, *fig.* 81, qui ne sont en définitive qu'un état d'exastosie plus avancé que dans la feuille du Figuier précité. Enfin, nous avons reproduit, pl. IV, *fig.* 27, la feuille du *Cussonia spicata*, dans laquelle, quoique le nombre des éléments foliolaires longitudinaux soit moins grand, nous reconnaissons, néanmoins, une double composition latérale et longitudinale, comme dans la *fig.* 80, b, la latérale occupant la base de la feuille. Mais c'est surtout la fronde de quelques *Adianthum*, particulièrement de l'*Adianthum pedatum*, qui peut être regardée comme une vraie feuille composée de ce système.

Considérations générales sur ce système.

Examinons maintenant quelques-unes de ces formes qui peuvent être communes à plusieurs systèmes.

En nous reportant aux feuilles simples de ce système que nous avons dit être de formes très-voisines d'un triangle, si nous supposons un tissu cellulaire très-abondant et la force végétative longitudinale un peu plus grande que la génération latérale, dans ce cas il ne se produira pas de lobes latéraux; les deux angles inférieurs du triangle s'effaceront sous la formation d'une courbe ; et comme l'angle de la production longitudinale persistera seule, nous aurons les données nécessaires à la formation d'une feuille cordiforme, *fig.* 82, par exemple celle du *Quamoclit luteola*, dans laquelle on reconnait évidemment les deux systèmes combinés L > l en L, et l > L en l; et de ce que (L l) > (l > L), il s'ensuit que la feuille doit encore avoir plus de longueur que de largeur.

Mais admettons que la force longitudinale vienne à n'être pas plus grande que la latérale, et surtout que le tissu cellulaire soit assez abondant, l'angle de la génération L, *fig.* 82, pourra s'effacer sous la courbe qui aura fait la forme en cœur précédente, et alors nous aurons la feuille cordiforme obtuse du Nénuphar blanc, *fig.* 83, dans laquelle (L > l) = (l > L) ou à peu près.

Il peut encore arriver que (L > l) < (l > L), ou, en d'autres termes, que la force génératrice latérale soit plus grande que la longitudinale; dans ce cas, la feuille s'élargit, tout en restant entière et arrondie, et la forme obtenue est celle d'un rein. Telles sont celles du *Cercis siliquastrum*, *fig.* 84, de l'*Asarum europæum*, du *Glechoma hederacea*, etc.

Si la force génératrice longitudinale diminue encore, la force latérale l'emportant de beaucoup, la nervure principale se raccourcira, et les latérales devenant prédominantes, la feuille, au lieu de se terminer en pointe, s'échancrera en cœur, au sommet, pour former celle du *Bauhinia purpurea*, *fig.* 85, que De Candolle regarde comme le résultat de la soudure de deux folioles (1). Le raccourcissement relatif de la nervure principale est bien plus prononcé encore dans la feuille du *Passiflora perfoliata*, *fig.* 68. Enfin, dans l'*Hymenæa courbaril*, les *Zygophyllum*, le *Guajacum officinale*, la force longitudinale est complétement nulle, et il ne reste plus alors que deux folioles latérales. D'où l'on tire cette conséquence que dans la formule $(L > l) \gtreqless (l > L)$, si l'on supprime le premier membre L > l, il reste l > L, représentant la génération des feuilles de *Cercis*, *Bauhinia* et *Passiflora*; ce qui est conforme à ce que nous avons dit de notre quatrième système, ou génération latérale plus grande. Ce raisonnement prouve de la manière la plus irréfragable que les trois systèmes L > l, l > L et $\frac{L > l}{l > L}$ existent réellement. Et puisque L lui-même = zéro dans les feuilles d'*Hymenæa*, de *Zygophyllum*, de *Guajacum*, etc., on a L < l — L ou simplement l, ce qui veut dire que la génération latérale seule peut être constatée dans ces feuilles.

Nous ne devons pas quitter ce sujet sans parler d'une sorte de feuille appartenant à ce sixième système, dans laquelle le dé-

(1) *Organog. végét.*, pl. 38, *fig.* 2, et p. 279, vol. II.

veloppement est bien plus prononcé d'un côté que de l'autre : nous voulons parler des feuilles inéquilatérales obliques dont les *Begonia* nous offrent de précieux exemples.

Dans ces sortes de feuilles, il semble que la génération latérale ne se produise pour ainsi dire que d'un seul côté, car si l'on observe la marche des nervures, on voit que la nervure principale qui, ici, n'est plus celle du milieu, celle enfin qui conduit à l'extrémité de la feuille, c'est-à-dire à son sommet organique, ne produit qu'une nervure secondaire bien manifeste pour le petit côté, a, *fig.* 86, et cinq nervures dérivant les unes des autres, pour le plus grand côté b. Il s'est produit, dans ce cas, un phénomène analogue à celui qui fait la *Campylotropie latérale* des graines; et comme les nervures secondaires, tertiaires, etc., partent du sommet du pétiole, la feuille est franchement cordiforme à sa base, et, par conséquent, appartient au système $\frac{L > l}{l > L}$, c'est-à-dire à notre sixième système.

Ajoutons que la feuille cordiforme de ce système est plus allongée que celle du troisième système puisque nous faisons $L > l$, et cela malgré le système inférieur $l > L$; car supposons une feuille qui pourrait être représentée par la formule $\frac{L = l}{l = L}$, comme cette formule est exactement égale à $L = l$, il arrive que nous aurions affaire à une feuille du troisième système. Ceci nous donne la preuve évidente que, malgré la distinction bien apparente que semblent établir ces systèmes, il n'est pas difficile, sans forcer en aucune façon le raisonnement, de passer d'un système à un autre.

Septième système. Symbole $\frac{l > L}{L > l}$ *ou génération latérale plus prononcée, placée au-dessus d'une génération longitudinale plus prononcée.*

Le type de ce système ne nous est pas connu; mais on peut dire que si on le rencontrait dans son plus grand état de simplicité, c'est-à-dire la feuille réduite à ses nervures, il aurait très-sensiblement la forme du squelette représenté *fig.* 87, où l'on voit la génération latérale plus grande représentée en l, et placée au-dessus de la génération longitudinale plus grande représentée en L. La feuille véritablement composée de ce système, c'est-à-dire la composition de la feuille qui soit à ce système ce que la composition de la fronde de l'*Adianthum pedatum* est au système précédent, ne nous est pas connue ; mais nous supposons, d'après les lois de la composition des feuilles, que si elle existe elle doit approcher de la forme que nous donnons à celle représentée *fig.* 88, où la composition latérale est suffisamment indiquée en a, b, c, d, e, composition qui a la plus grande analogie avec celle de la feuille d'*Helleborus fœtidus.*

Comme les feuilles de ce système ne sont pas d'ordinaire composées au sommet, ainsi que nous venons de le dire, si l'on n'y prenait garde, on serait naturellement tenté de faire rentrer les feuilles de ce système dans notre cinquième L > 1, car il existe tout le long du pétiole des folioles, des laciniures ou des décurrences, *fig.* 89, que l'on pourrait regarder comme une génération longitudinale, et, dans ce cas, la grande foliole terminale ne serait qu'une foliole entière qui n'aurait pas subi l'action de l'exastosie ; mais on peut remarquer que ces décurrences, folioles ou laciniures sont loin d'avoir la régularité des folioles des feuilles composées, et, d'ailleurs, la direction des nervures de la grande foliole montre évidemment une génération latérale plus prononcée par le haut, indiquant que si la foliole avait à se composer, elle le ferait plutôt à la manière des Quintefeuilles ou des Hellébores qu'à la manière du Jasmin. Par conséquent, il est impossible de confondre ce septième système avec le cinquième, chez lequel la foliole terminale, en se composant, ne ferait que répéter longitudinalement les éléments qui constituent déjà la feuille composée.

Si nous ne pouvons indiquer le type réduit à ses simples nervures, *fig.* 87, ou le type de la feuille composée, *fig.* 88, nous pouvons fournir l'exemple de certaines feuilles, particulièrement celles du *Spirea Kamstschatica*, *fig.* 90, dont les sept lobes de la grande foliole terminale se rapprochent beaucoup, quant au mode de génération, des parties de la *fig.* 88, et il suffit de jeter un coup d'œil sur l'une et sur l'autre feuille pour reconnaître qu'elles sont bien toutes deux construites d'après le même système : dans les deux figures les mêmes lettres expriment les mêmes éléments. Pl. XI.

La feuille du *Sonchus oleraceus lævis*, *fig.* 89, pl. XI, nous présente une feuille plus entière à son sommet seulement ; mais néanmoins nous trouvons encore en l le système l > L, d'où la forme en cœur, et en L, le système évident L > l, dont l'ensemble donne une forme allongée ; et comme le premier occupe la partie supérieure de la feuille, nous avons jugé convenable de représenter l'ensemble de ces deux systèmes par le symbole

$$\frac{l > L}{L > l}$$

L'étude des feuilles dans le genre *Geum* semble indiquer la marche de la nature dans la formation des feuilles de ce septième système. Ainsi, lorsque nous cherchons parmi les feuilles du *Geum album*, nous trouvons que les unes, parfaitement simples ou entières, sont formées d'après le système L < l et par conséquent sont ou réniformes ou cordiformes ; tandis que les autres sont trilobées avec la forme générale précédente et présentant de plus quelques folioles plus ou moins développées sur le pétiole. Cette feuille conduit évidemment à la feuille du *Geum nutans*, qui, tout en conservant une forme générale en cœur, est beaucoup plus lobée et porte sur son pétiole un plus grand nombre de folioles plus ou moins détachées. Enfin les *Geum sylvaticum* et *urbanum* présentent un plus grand nombre de folioles étendues sur le pétiole, quoiqu'ayant aussi de grandes folioles terminales lobées dérivant toujours du système l > L et par conséquent ayant encore la forme générale d'un cœur ou plutôt d'un rein.

Les feuilles *laciniées* de quelques Synanthérées, les feuilles *lyrées* de l'*Erysimum barbarea* (1), du *Raphanus Raphanistrum* et beaucoup d'autres Crucifères, celles de quelques *Spirea* et autres Rosacées, sont évidemment formées d'après ce double système.

D'après les idées générales que nous avons sur la nervation des feuilles, nous pourrions supposer que toutes les feuilles simples appartenant à ce système devraient avoir une forme spatulée, en coin ou obovale. C'est bien à peu près ce qui existe dans un grand nombre de feuilles, particulièrement dans le

(1) Turpin, *Iconog. végét.*, tabl. 9, *fig.* 7.

Crambe juncea qui paraît établir le passage du *Crambe cordifolia* au *Crambe filiformis* dont la feuille appartient évidemment à notre septième système. Cependant, il y a des feuilles appartenant manifestement à ce système et qui n'en prennent pas moins la forme plus ou moins allongée, formant alors une sorte de demi-ellipse terminée en pointe à son sommet. Voici un exemple de transformation de ce genre que l'on peut observer sur une série de feuilles du *Sonchus oleracea* (var. *lævis*).

Dans la *fig.* 89, pl. XI, que nous regardons comme la feuille normale de cette espèce, nous trouvons trois paires de folioles inégales, liées souvent entre elles par une décurrence plus ou moins marquée. En général, cette décurrence est d'autant plus prononcée, que les folioles sont moins développées. La feuille est terminée au sommet par une large foliole un peu triangulaire ou subcordiforme (quatrième système). Si nous examinons la *fig.* 91, qui représente une feuille de la même plante, nous n'y trouvons plus de folioles latérales; mais, d'une part, la décurrence est bien plus prononcée que dans l'exemple précédent, et la foliole terminale a surtout acquis un très-grand développement. Dans la *fig.* 92, représentant une autre feuille de la même plante, la décurrence s'élargit en même temps que la foliole terminale diminue de grandeur relative. Enfin dans la *fig.* 93 nous ne trouvons plus qu'une feuille simple, entière, dans laquelle les parties L, qui représentent la décurrence des exemples précédents, ont pris une ampleur considérable, tandis que les parties l, qui représentent la foliole terminale, sont singulièrement rétrécies; tellement, que la plus grande largeur de cette feuille se trouve précisément être là où dans les autres exemples nous n'avions que des parties de peu d'étendue latérale; on peut reconnaître, en même temps, que la nervation a changé de caractère. Cependant, dans quelques feuilles, on rencontre encore des traces de la nervation propre à ce septième système, puisque, en a, *fig.* 93, on voit des nervures plus marquées et ayant encore une certaine tendance à la latérinervation.

Ces détails étaient nécessaires pour connaître la place dans notre classification et avoir l'explication de certaines particularités relatives aux feuilles dites *Roncinées*, qui pour nous doivent être regardées comme dérivant de notre septième système, plutôt que de celui que représente la forme L > l. En effet, dans ces feuilles, non-seulement nous reconnaissons la décurrence caractéristique du parenchyme, non-seulement nous trouvons le long du rachis des lobes plus ou moins prononcés dont le terminal est beaucoup plus grand, mais aussi, nous trouvons une nervation plus accentuée par le haut, et de plus, une tendance de cette nervation à former en a, *fig.* 94, une latérinervation. Enfin, la figure générale de cette feuille a bien la forme spatulée qui, avec ses décurrences et ses lobes aigus, ne représente autre chose qu'une feuille du *Taraxacum dens-leonis*, *fig.* 94.

Il n'est pas difficile de reconnaître dans les diverses transformations de la feuille du *Sonchus oleraceus lævis*, une des nombreuses applications de la loi des *balancements organiques*, lesquelles transformations pourront nous donner aisément la clé de certaines particularités que nous observons sur certaines feuilles.

Par exemple, dans la famille des Rosacées, on trouve assez fréquemment des feuilles dont les pétioles sont plus ou moins surchargés de folioles de grandeur extrêmement variables et dont jusqu'à ce jour on n'a reconnu aucune cause certaine. On pouvait croire que c'était le résultat de déchirures des décurrences dont nous avons parlé ; mais ni la forme souvent très-régulière, ni leur position très-régulière aussi, n'autorisent une pareille manière de penser. Ce sont évidemment des folioles plus ou moins développées. Or, quand on cherche la cause de ces différences de développements des folioles, on arrive à trouver qu'elle ne peut être attribuée qu'à la loi des *balancements organiques* établie, si nous ne nous trompons, par Geoffroy-Saint-Hilaire pour expliquer certains faits de tératologie animale, mais entrevue par De Candolle, dans un ordre de phénomènes qu'il appelle *avortements par défaut* et *avortements par excès* (1).

Comme il arrive fréquemment qu'un fait de tératologie sert merveilleusement à l'explication d'un fait physiologique, nous croyons être dans la vérité en appliquant cette loi de tératologie, transportée dans le règne végétal, à des phénomènes vulgaires de végétation, et que l'habitude où l'on est de les rencontrer ne fait pas regarder comme des monstruosités.

(1) *Théorie élémentaire*, 1813, p. 94 et suiv.

Nous sommes en effet tellement accoutumés à regarder les feuilles dites *ailées* des *Agrimonia Eupatoria* et *odorata*, du *Potentilla Anserina*, etc., et celles dites *ailées par interruptions*, (*Folia interrupte pinnata*) de quelques *Spirea (Ulmaria filipendula*, *kamstchatica*, *fig*. 90, etc.) comme formées d'un limbe et d'un pétiole parcouru par des appendices foliacés, qu'il ne nous vient pas à l'idée d'y reconnaître un état tératologique permanent. Par exemple, quand on jette les yeux sur la *fig*. 90, représentant une feuille du *Spirea kamstschatica*, nous la voyons terminée par une grande foliole à sept lobes ; puis viennent, en dessous, d'abord, en f, des appendices foliacés très-petits, en général opposés ; puis deux grandes folioles opposées, et enfin deux paires de petites folioles assez bien conformées.

Si l'on vient alors à se demander pourquoi cette feuille est ainsi composée, on voit qu'il est très-difficile de s'en rendre compte, à moins que l'on ait soin de recourir à l'examen d'autres feuilles plus ou moins analogues. En effet, si l'on porte son attention sur la *fig*. 95, qui n'est autre que la feuille du *Potentilla Anserina*, on remarque ce fait curieux, que chaque paire de folioles se compose d'une grande et d'une petite ; que leur disposition relative est alternante, c'est-à-dire qu'immédiatement au-dessus et au-dessous d'une grande foliole il y en a une petite, et réciproquement.

Dans un cas, que l'on pourrait appeler normal, toutes ces folioles devraient être de même grandeur à peu près comme elles le sont dans les *Sanguisorba ;* mais alors toutes les grandes auraient diminué et les petites augmenté de volume. Il faut donc admettre que, pour une cause quelconque, l'une des folioles a vécu aux dépens de l'autre, d'où est résulté un développement plus grand pour elle, un *presque avortement* pour l'autre, et cette cause est tellement répartie qu'elle oscille de chaque côté du rachis, pour porter son action alternativement tantôt d'un côté, tantôt de l'autre, et cela, avec une assez grande régularité (1).

A la vérité, on pourrait supposer que chaque petite foliole opposée, ou à peu près, à une grande, n'est autre chose qu'une foliolule détachée de la foliole qui la précède ou qui la suit, et

(1) Voyez aussi *Flore médicale* de Turpin, pl. 34.

qu'un déplacement organique aurait porté vis-à-vis d'une des folioles. Cette opinion semblerait fortifiée par l'observation que chez les *Poterium* et les *Sanguisorba*, il y a très-fréquemment des foliolules détachées à la base de chaque paire de folioles; mais, d'un autre côté, cette supposition semble contredite par les petites folioles surnuméraires qui se rencontrent chez les *Agrimonia*. On peut observer en effet, dans l'*Agrimonia Eupatoria* (1), ou l'*Agrimonia odorata*, *fig*. 96, qu'entre chaque grande foliole il se trouve des folioles plus petites, variables de grandeur depuis le tubercule, a, jusqu'à la foliole bien conformée, c, en passant par les intermédiaires b et b'. Or, on ne saurait admettre l'hypothèse précédente pour les rudiments de folioles qui sont compris entre les folioles 1 et 2; car en admettant que b', d'en haut, appartînt à la base supérieure de la foliole 2, il resterait toujours la foliole c, sans compter le tubercule, a, qui se trouve entre b' et la foliole 2.

Les *Geum*, surtout le G. *nutans*, donnent lieu à de semblables observations.

Il faut donc reconnaître dans ces divers exemples l'influence de la loi des balancements organiques qui offriraient encore ici quelque régularité dans la répartition de ses effets; mais dans quelques feuilles il devient réellement impossible de lui assigner la moindre régularité dans son action, comme on peut le remarquer, particulièrement, dans la feuille du *Geum coccineum*, où le désordre de grandeur et de position des petites folioles qui s'étendent sur le rachis, est véritablement remarquable.

Dans quel système de génération doit-on placer les feuilles qui, comme celles de l'Argentine et des Aigremoines précitées, semblent appartenir à notre cinquième système L > l, tout aussi bien qu'à ce septième système? Nous avouons être fort embarrassé pour répondre à cette question, et peut-être serions-nous disposé à la faire dériver du cinquième système.

Cependant, puisque nous avons vu comment la génération latérale disparaissait par suite du changement de forme de la feuille du *Sonchus oleraceus lævis*, pour donner naissance à une génération plutôt longitudinale, dans laquelle néanmoins on retrouve

(1) Turpin, *Flor. méd.*, pl. 9.

quelquefois des traces de génération latérale, il est fort possible que ce soit à une cause pareille qu'il faille attribuer l'apparence des feuilles composées suivant le système plutôt longitudinal des espèces que nous venons de désigner. L'existence des décurrences et des appendices foliacés entre les folioles, constituent pour nous un caractère spécial, un cachet exceptionnel qui n'appartient en aucune façon au système purement longitudinal, $L > l$, dont au contraire les feuilles composées se font remarquer par une exastosie poussée aussi loin que possible et une régularité caractéristique des folioles. C'est pour cette raison que nous avons cru devoir maintenir, jusqu'à nouvel ordre, cette sorte de feuilles parmi celles qui sont constituées d'après notre septième système.

Quoi qu'il en soit, la feuille composée de la génération $\frac{l > L}{L > l}$ est tellement différente de la feuille composée du système $L > l$, que l'on y reconnaît en général la génération, $l > L$, même dans les folioles latérales, comme on peut s'en convaincre en jetant les yeux sur les feuilles des *Cardamine pratensis*, *fig.* 97, et *macrophylla*, surtout, *fig.* 98, et peut-être nous fussions-nous décidé à regarder les feuilles d'Aigremoine et d'Argentine comme appartenant au système $L > l$, si nous n'avions été conduit à faire le contraire par les observations suivantes.

Les feuilles des *Cardamine pratensis* et *macrophylla* sont peut-être les meilleurs types à choisir de la feuille composée selon notre septième système ; car nous avons vu que chaque foliole a une génération $l > L$, ce qui en fait des folioles réniformes. On peut dès lors facilement comprendre que lorsque le pétiolule vient à *être absorbé*, ou, ce qui revient au même, quand la foliole reste sessile, la nervure principale ayant d'ailleurs moins de tendance à s'allonger, la génération latérale se prononce davantage, et il en résulte une décurrence de chaque bord de la foliole sur le rachis. Si cet état de choses est poussé assez loin, on comprend que l'on n'ait absolument qu'une grande foliole terminale, comme en l, *fig.* 91, et un pétiole ailé comme on le voit en L ; mais en même temps les nervures foliolaires qui étaient palmées sont elles-mêmes séparées et placées à des distances plus ou moins égales.

Un état inverse peut quelquefois se présenter, c'est-à-dire que le faisceau palminerve, au lieu *d'être absorbé* par le rachis, se trouve, par l'élongation de la nervure médiane de chaque foliole, dissocié de façon à constituer une nervation plutôt parallèle ou penniforme, commandant ainsi une forme allongée à la foliole. C'est ce que l'on peut déduire de la *fig.* 89. En effet, la foliole terminale l, est évidemment du système l > L. La foliole f', qui vient après, laisse, par la nervation, reconnaître qu'elle dérive du même système que la terminale f, quoique cette nervation ainsi que la forme de la foliole soient déjà fort altérées. La foliole inférieure f'' présente une nervation où l'on ne reconnaît plus la génération latérale : aussi sa forme est-elle plus allongée encore.

Ainsi, tandis que la décurrence ou ces petits appendices foliolaires accusent un défaut d'exastosie, au contraire, l'exastosie parfaite des feuilles composées des Légumineuses, de la forme L > l, excluent toute espèce de décurrence. Il y a donc, selon nous, une sorte d'incompatibilité entre les deux systèmes, et l'on comprendra que ces considérations nous aient fait supposer que les feuilles à folioles plus ou moins décurrentes sur le rachis ou à rachis ailés par interruption, appartenaient toutes à notre septième système.

ARTICLE IV.

Conséquences que l'on peut tirer de l'étude des trois formes de l'exastosie pour la manière d'interpréter la formation de certains organes appendiculaires.

Nous commencerons par rappeler que les trois formes de l'exastosie sont : 1° la *centripète,* celle qui sépare *concentriquement* les organes du centre de l'axe ; 2° la *circulaire* ou *plane,* celle qui sépare *circulairement* les unes des autres les parties que l'exastosie centripète a déjà séparées ; 3° la *transversale,* celle qui sépare *transversalement* les organes que les deux autres exastosies ont déjà divisés.

Jusqu'à présent nous nous sommes longuement étendu sur l'exastosie *circulaire* qui compose les feuilles, et sur la transversale qui les rend faciles à détacher de l'axe ; au contraire, nous n'avons rien dit de l'exastosie centripète par rapport aux feuilles. C'est que nous n'avions point encore étudié la question sous ce point de vue, et l'on va voir que cette étude n'est pas sans quelque importance pour la manière d'envisager certains axes en apparence très-différents des autres; tels sont en particulier ceux des Opontiacées.

Nous avons vu comment une seule exastosie circulaire ne donnait lieu qu'à une seule feuille (monocotylédones), tandis que 2, 3, 4, 5, 6 exastosies circulaires formaient deux feuilles opposées ou 3, 4, 5, 6 feuilles verticillées, et nous avons dit que lorsque les exastosies centripète et circulaire étaient le plus prononcées possible, on arrivait non-seulement à une feuille plus ou moins longuement pétiolée, non-seulement à une feuille articulée, mais même à une feuille articulée et ayant à sa base un bourrelet, comme on en voit dans les Légumineuses. Recherchons maintenant ce qui arriverait si l'on supposait ces feuilles se formant comme à l'ordinaire, mais seulement avec des différences dans l'intensité de l'exastosie centripète.

Puisque nous venons de dire que la présence d'un bourrelet à la base d'une feuille était le signe caractéristique d'un *maximum* dans les exastosies foliaires, il s'ensuit que la feuille plus ou moins pétiolée et articulée, mais sans bourrelet, indique des exastosies moins prononcées. D'un autre côté, nous regardons la plus ou moins grande longueur du pétiole comme un état indiquant, avec des nuances insensibles, une plus ou moins grande exastosie, si bien que l'on peut affirmer que la feuille *sessile* est déjà en défaut d'exastosie par rapport aux feuilles pétiolées, ce qui est très-conforme à la règle que nous avons établie dans notre première loi du principe de la trisection, et qui se généralise plus que nous n'avons pu le dire dans l'énoncé de la loi même. Par conséquent, si l'on suppose un degré plus avancé dans le défaut d'exastosie, c'est-à-dire une cohérence intime entre l'axe et la base de la nervure médiane d'une feuille, on aura une feuille *décurrente* sur l'axe, et l'on conçoit que ce défaut d'exastosie puisse être tel qu'il n'y ait plus que le sommet du limbe de la feuille qui soit devenu libre, et même que la nervure de la feuille entière soit complétement absorbée dans l'axe.

Aug. Saint-Hilaire avait admis précisément le contraire de ce que nous avançons ici; car il dit (1) : « Chez certaines Ombellifères

(1) *Morphol. végét.*, p. 142.

(ex. *Pimpinella magna*, *fig.* 46), je trouve vers le milieu de la tige une lame découpée, portée par un pétiole rétréci au sommet, à peu près triangulaire et embrassant à la base; au-dessus de ces feuilles, j'en trouve d'autres où la partie rétrécie du pétiole n'existe plus et où le limbe est devenu plus simple; enfin j'en trouve dans le voisinage des fleurs qui ne présentent que la partie triangulaire et où je ne vois plus de lame; il est clair que si, dans quelques espèces de la même famille, je vois seulement des organes appendiculaires simples et embrassants, je dois dire que ce sont des feuilles réduites au pétiole : c'est là ce qui arrive chez les *Buplevrum* (ex. *Buplevrum pyrenaicum*, *fig.* 47). »

Y aurait-il donc deux formes dans le défaut de développement de l'un des deux principaux éléments de la feuille : le pétiole ou le limbe? Nous serions assez disposé à le croire d'après l'observation d'Aug. Saint-Hilaire que nous venons de citer et d'après nos propres observations. Toutefois, de ce que dans le *Pimpinella magna* la feuille peut être réduite à l'état de pétiole, il ne nous semble pas de conséquence rigoureuse que les feuilles des *Buplevrum* soient nécessairement des pétioles; car nous voyons souvent le même individu donner sur les mêmes branches des feuilles pétiolées, des feuilles non pétiolées et même des feuilles connées ou perfoliées (*Lonicera Caprifolium*, *Eucalyptus globulus*); des feuille simples et des feuilles composées (*Jasminum heterophyllum fruticans, pubigerum, etc.*, *Hibiscus heterophyllus, etc.*) sans que l'idée nous vienne de regarder les feuilles de ces espèces, même les feuilles redevenues simples des *Jasminum* et *Hibiscus*, comme des pétioles, et d'ailleurs les feuilles d'espèces différentes, et à plus forte raison de genres différents, ne doivent pas nécessairement toutes se ressembler. D'un autre côté, si l'on observe que soit que la feuille se présente avec des décurrences sur l'axe (*Nicotiana*), soit que la feuille se présente avec un pétiole nettement détaché du limbe (*Lonicera Caprifolium*), on voit toujours le pétiole tendre à disparaître et à faire le limbe *sessile* ou même *embrassant* ou même encore *perfolié*, que les feuilles soient alternes (*Buplevrum rotundifolium*) ou que les feuilles soient opposées (*Lonicera Caprifolium*, *Eucalyptus globulus*, *Pentstemon Wrightii*, etc.); si, disons-nous, l'on observe ces faits, il est difficile d'accorder que les feuilles perfoliées ou embrassantes dont nous venons de parler soient des pétioles. Cependant il se peut que le contraire arrive quelquefois et que dans certaines Ombellifères, par exemple, la feuille soit souvent réduite à sa partie vaginale que l'on nomme quelquefois *pétiole embrassant;* mais on pourrait encore admettre que ce prétendu pétiole n'est que le limbe d'une feuille qui, par sa position, ou par défaut de développement de son pétiole, a revêtu des caractères spéciaux qui, n'étant pas ceux d'une feuille, ont dû le faire regarder comme un pétiole dont il n'a cependant pas exactement les caractères. Aussi, dans l'état actuel de nos connaissances et d'après nos idées phytogéniques, sommes-nous disposé à considérer ces phénomènes et surtout le pétiole engaînant un peu différemment qu'on ne l'a fait jusqu'à ce jour.

Toutefois, ce n'est qu'avec une extrême réserve que nous devons nous prononcer définitivement sur cette dernière manière d'interpréter des phénomènes de cette importance, surtout quand une célébrité botanique comme De Candolle a formulé, bien avant Aug. Saint Hilaire, des idées analogues à celles de ce dernier savant. Comme ces idées se rapportent entièrement, par leur nature, à l'étude que nous faisons des feuilles, et comme, de plus, elles éclairent différents points de la question, nous croyons utile de les faire connaître ici, et nous ne saurions mieux faire que de laisser parler De Candolle lui-même :

« Il arrive quelquefois, surtout quand le limbe des feuilles ne se développe pas, que le pétiole, sans être engaînant à sa base, se dilate dans sa longueur tout entière en un état intermédiaire entre l'état foliacé et l'état pétiolaire, et alors il a reçu le nom de *phyllodium ;* ainsi lorsqu'on examine la plupart des Acacies de la Nouvelle-Hollande, on voit que dans leur jeunesse elles offrent des feuilles deux fois ailées, à pétiole grêle à peu près cylindrique (1). A mesure que la plante avance en âge, on voit le nombre des folioles diminuer, le pétiole se dilater, et peu à peu les folioles disparaissent complétement, et toutes les feuilles sont réduites à des pétioles dilatés en *phyllodium.* Ceux-ci sont planes, coriaces, fermes, toujours entiers sur les bords, munis de nervures longitudinales, qui sont les traces des fibres dont le pétiole est composé, et habituellement placés sur la tige dans un sens con-

(1) *Vent. malm.*, pl. 64, *fig.* 1.

traire aux vraies feuilles, c'est-à-dire que leur plan est à peu près vertical, au lieu d'être horizontal, ou, en d'autres termes, que leurs surfaces sont latérales au lieu d'être l'une supérieure, l'autre inférieure. Il est des espèces qui, pendant la durée entière de leur vie, portent mélangés des pétioles chargés de folioles ordinaires et des pétioles transformés en *phyllodium*. Telles sont les *Acacia heterophylla* (1), *Sophora* (2), etc. Quelques-uns portent sur leur bord supérieur une ou deux glandes qui indiquent la place où les ramifications chargées de folioles doivent prendre naissance. Tous ces caractères indiquent leur nature pétiolaire ; mais les fibres de ces pétioles sont assez écartées pour admettre un peu de parenchyme, et pour porter des stomates ; d'où il résulte que ces organes jouent physiologiquement le rôle de limbe. Des transformations analogues ont lieu dans quelques espèces d'*Oxalis ;* telle est, par exemple, l'*Oxalis bupleurifolia* (3), et l'*Oxalis fruticosa.* »

« Ce que nous voyons clairement se passer sous nos yeux en suivant l'histoire des Acacies hétérophylles, je présume qu'il se passe également dans quelques autres cas moins évidents. Ainsi, par exemple, les feuilles de plusieurs *Buplevrum* me paraissent de véritables *phyllodium ;* ils ressemblent en effet complétement à ceux des Acacies, et leur sont analogues en particulier et par leur extrémité calleuse qui annonce un avortement, et par leur position verticale, qui ne se rencontre presque jamais dans les vrais limbes de feuilles. Ces raisons sont corroborées par l'exemple du *Buplevrum difforma :* on a donné ce nom à la seule espèce qui révèle la structure des feuilles de ce singulier genre. Dans sa jeunesse, elle a, comme les Acacies, des feuilles à limbe développé et découpé à la manière des Ombellifères ; dans l'âge adulte, elle n'a plus que des *phyllodium*. C'est encore à cette classe de faits, ou à la précédente, que je suis tenté de rapporter les feuilles du *Ranunculus gramineus*, et en général de toutes les dicotylédones dont les feuilles semblent munies de nervures longitudinales. » Un peu plus loin il dit :

« Si nous considérons maintenant de la même manière les

(1) *Organog. végét.*, pl. 16, *fig.* 2, 3, 4, 5.
(2) *Labill. Nov. Holl.*, vol. II, pl. 237.
(3) Saint-Hilaire, *Fl. bras.*, pl. 23.

feuilles à nervures simples, ou celles des monocotylédones phanérogames, nous y trouvons des faits analogues. La structure de leur pétiole, quand il existe, est modifiée par la disposition de leurs fibres : celles-ci naissent toujours placées les unes à côté des autres en série transversale, de manière que la base du pétiole est plus ou moins engaînante ; au-dessus de la base, ces fibres se rapprochent quelquefois en pétiole triangulaire ou demi-cylindrique, comme par exemple dans plusieurs espèces d'*Hemerocallis*, d'*Alisma*, etc. Dans presque tous les Palmiers, on trouve de même un pétiole à peu près triangulaire, évasé à sa base en une espèce de gaîne sèche, dont les fibres sont très-visibles et souvent dénudées de parenchyme ; mais souvent aussi le pétiole est engaînant et comme foliacé; c'est ce qu'on voit particulièrement dans les Graminées, où il porte le nom de gaîne (1). Cette gaîne cylindrique entoure la tige dans une partie considérable de son étendue; elle est le plus souvent fendue dans toute sa longueur, parce que les deux bords restent libres; elle porte extérieurement à son extrémité un limbe à nervures parrallèles, distinct de la gaîne par une espèce d'étranglement calleux. La sommité de cette gaîne se prolonge intérieurement en une lame courte, scarieuse, et dressée le plus souvent le long de la tige, qui a reçu le nom de languette ou ligule. Les Cypéracées ne diffèrent de la plupart des Graminées, relativement à leur feuillage, qu'en ceci : 1° que leur gaîne est presque toujours entière, c'est-à-dire que les deux bords se soudent ensemble de manière à former un vrai tube cylindrique; 2° que la languette manque plus souvent, etc.; 3° que le limbe est moins distinct de la gaîne.

« Voilà des exemples dans lesquels l'existence simultanée et habituelle du limbe et du pétiole ne laisse presque aucun doute sur la nature de l'un et de l'autre; mais il est des cas ambigus qui méritent une mention particulière. Si nous examinons la Sagittaire commune, nous trouverons que lorsqu'elle croît hors de l'eau, toutes ses feuilles ont un pétiole et un limbe bien distincts; lorsqu'elle croît dans l'eau, son limbe avorte presque toujours, et le pétiole, au lieu d'avoir sa forme triangulaire ou cylindrique, prend l'apparence d'un ruban plane, foliacé, et terminé par une

(1) *Malp. opér.*, édition in-4°, vol. I, pl. 13, *fig.* 65. — Turpin, *Iconog. végét.*, pl. 7, *fig.* 9.

petite callosité, analogue à celle qu'on observe dans les pétioles de dicotylédones où le limbe a avorté (1); il n'est pas rare de trouver des pieds qui portent à la fois ces deux sortes de feuilles. Le même phénomène arrive dans les Potamogetons où les feuilles flottantes sur l'eau ont un limbe bien conformé, tandis que les feuilles submergées sont réduites à un pétiole membraneux. La comparaison des diverses *Strelitzia* des jardins présente un résultat analogue; leur pétiole est engaînant à sa base, puis cylindrique, un peu aminci vers le haut; à son extrémité, il porte un limbe très-prononcé, et assez grand dans le *Strelitzia reginæ,* de moitié plus petit dans le *Strelitzia parvifolia,* complétement nul dans le *Strelitzia juncea,* dont ce qu'on nomme les feuilles sont les pétioles.

« D'après ces exemples, de quel nom devons nous-appeler les organes foliacés des monocotylédones qui sont homogènes dans toute leur longueur et chez lesquelles il est impossible de distinguer un pétiole ou un limbe, telles que les Jacinthes ou les Aloës, etc. ? On a donné à ces organes le nom de feuilles, qui semblerait indiquer qu'on les a regardés comme des limbes sessiles; mais comme cette idée a été admise sans examen quelconque, et à une époque où l'on n'avait aucune idée des dégénérescences des organes, la question reste tout entière ; sont-ce des limbes de feuilles privées de pétioles, ou des pétioles privés de limbe ?

« Je penche pour cette dernière opinion, par les motifs suivants : 1° l'analogie de ces organes est évidente avec les feuilles où l'on reconnaît habituellement un limbe et un pétiole. Si le *Strelitzia juncea* n'a que des pétioles, il est bien difficile de croire que les prétendues feuilles du *Littæa* soient d'une autre nature. Si la gaîne qui supporte les limbes des *Epidendrum* est un pétiole, il est difficile de soutenir que la gaîne des autres Orchidées n'en soit pas un. Si la gaîne des Graminées est un pétiole, pourquoi les feuilles engaînantes des familles voisines seraient-elles autre chose ? 2° On connaît dans les deux classes de plantes vasculaires beaucoup d'exemples de pétioles engaînants, on n'a point d'exemples de limbes engaînants. Tous les limbes de feuilles, quelle que soit la disposition de leurs nervures, se rétrécissent à la base, et

(1) *Flor. dan.*, pl. 172. — *Læs. prass.*, pl. 74, et pl. 12 de cet ouvrage.

offrent en ce point une divergence dans leurs fibres, plus ou moins prononcée; on la remarque dans les limbes des Aroïdes, des Potamogetons, des Palmiers, comme dans les dicotylédones; c'est même dans cette divergence que consiste l'idée du limbe et le phénomène de l'épanouissement des fibres. Or, toutes ces feuilles s'évasent à leur base, comme des pétioles, au lieu de se rétrécir comme des limbes. 3° Les *phyllodium*, ou pétioles sans limbes, des dicotylédones, se terminent ou par une épine, comme celle des Aloës, ou par une vrille, comme le *Flagellaria* et le *Methonica*, ou par une callosité, comme la Jacinthe et une foule d'autres. Ces divers modes de désinence, qui indiquent un avortement, se retrouvent sous des circonstances analogues dans les deux classes. 4° L'étude des dicotylédones a pu prouver qu'il existe un grand nombre d'exemples de feuilles sans limbe, et par conséquent on peut tout aussi bien l'admettre dans les monocotylédones. Ce phénomène est, dans chaque classe, plus fréquent dans certaines familles que dans d'autres.

« Je pense donc que dans cette classe, tout comme dans la précédente, il existe :

« 1° Des feuilles ayant le limbe et le pétiole : telles sont, parmi les monocotylédones, la Sagittaire, le *Potamogeton natans*, l'*Hemerocallis*, les Palmiers, les Graminées, etc.; et parmi le dicotylédones, le Poirier, le Robinier, etc.

« 2° Des feuilles ayant seulement un pétiole foliacé, faisant l'office de limbe comme les Potamogetons submergés, les Jacinthes, les Iris etc., parmi les monocotylédones; les Acacies phyllodinées les *Buplevrum*, le *Lathyrus nissolia* etc., parmi les dicotylédones.

« 3° Des feuilles ayant un véritable limbe dépourvu de pétiole, telles que celles des *Trillium*, des *Paris*, des Lis etc., parmi les monocotylédones, et toutes les feuilles dites sessiles, parmi les dicotylédones (1). »

Si nous avons rapporté tout au long les idées de De Candolle, surtout relativement aux phyllodes, c'est parce que cet illustre botaniste s'est éloigné de la manière de voir à laquelle les défauts d'exastosie ont dû nous conduire et que nous ferons connaître un peu plus loin.

(1) *Organog. végét.*, t. I, p. 282-289.

A l'égard du pétiole, il y a quelques observations à faire et qui ne seront point sans intérêt pour le sujet que nous voulons traiter ici. Par exemple, il y a des feuilles qui sont très-franchement pétiolées, tandis qu'il y en a d'autres qui sont loin de présenter un pétiole aussi nettement distinct de l'axe d'où il naît et du limbe qui le termine. Dans la première série, le pétiole est parfaitement arrondi et le limbe franchement délimité au sommet du pétiole, et quoique indiquant, par ce caractère, une exastosie moins prononcée que par la présence d'un bourrelet, il est relativement le signe d'une exastosie plus nette. Au contraire, dans la deuxième série, le limbe n'est jamais aussi nettement distinct du pétiole qui, plus ou moins arrondi, offre le plus souvent une cannelure longitudinale supérieure qui va s'élargissant de plus en plus, ce qui aplatit d'autant plus le pétiole que les exastosies sont moins franchement prononcées. Plusieurs exemples feront mieux comprendre ces divers degrés d'exastosie.

Si nous jetons un coup d'œil sur la feuille d'un Figuier ou celle d'une Vigne, nous trouvons leur pétiole parfaitement cylindrique, sa coupe transversale bien arrondie et le limbe nettement séparé de lui. Il en est de même d'une feuille d'*Aristolochia Sypho* ou de Tilleul. Si nous leur comparons une feuille de Lilas, ou de Groseiller, par la présence seule de la rainure longitudinale sur le pétiole qui donne à la section transversale la forme d'un C ou d'un croissant, nous en concluons que l'exastosie centripète est moins nettement prononcée que dans les feuilles précédentes. Elles établissent le passage des premières à une troisième catégorie de feuilles. Celles-ci marchent progressivement vers les feuilles à limbe décurrent sur le pétiole. Ainsi dans le *Campanula pyramidalis*, la feuille offre un pétiole quelquefois très-allongé, dans les feuilles radicales; de la longueur du limbe seulement dans les caulinaires, et presque nul dans les bractéales; mais, aplati, il laisse apercevoir de chaque côté de sa longueur une petite bordure foliacée qui va se rendre à la base du limbe qui fait un peu décurrence sur le pétiole. Dans l'*Helianthus tuberosus*, cette décurrence est souvent plus prononcée à la base du limbe, et dans le *Digitalis purpurea* elle envahit toute la longueur du pétiole, de sorte que la feuille peut être dite *sessile*, car une partie de la bordure foliacée, largement accusée sur les bords latéraux du pétiole, descend même assez souvent un peu sur la tige. Il est donc évident, pour nous, que l'exastosie centripète a été de moins en moins prononcée ou s'est effectuée plus tard suivant l'ordre dans lequel nous avons fait l'examen des feuilles précitées.

Des phénomènes analogues se font remarquer sur certaines feuilles composées, et par cela même que le pétiole de la feuille composée du *Staphylea pinnata* est à peu près cylindrique, nous y trouvons une exastosie plus prononcée que dans la feuille également composée du *Sambucus nigra*, dont le pétiole ne représente qu'un demi-cylindre.

Pour nous donc, une feuille à limbe décurrent sur le pétiole est dans un état d'exastosie centripète moins avancé que la feuille franchement pétiolée, c'est-à-dire ne présentant aucune décurrence du limbe sur le pétiole ou du pétiole sur l'axe. Voilà sans doute pourquoi, d'une manière générale, les feuilles des monocotylédones sont dans un état d'exastosie circulaire et centripète moins prononcé que les feuilles des dicotylédones; aussi ne connaissons-nous aucune monocotylédone ayant des feuilles articulées avec bourrelet à l'égal de celles de certaines Légumineuses.

On peut faire des observations fort curieuses relativement à ces différences d'exastosie concernant les nuances infinies que l'on saisit entre les pétioles les plus nettement distincts du limbe et ceux qui se confondent avec le limbe, et cela dans les mêmes espèces, comme nous en avons donné quelques exemples, et à plus forte raison dans les diverses espèces d'un même genre. Citons quelques séries de cette nature :

1°. Dans le genre *Nicotiana* on constate la série suivante :

Nicotiana glauca : feuilles nettement pétiolées; section transversale du pétiole bien ronde;

Nicotiana paniculata et rustica : feuilles longuement pétiolées; pétiole à section moins arrondie;

Nicotiana texana et persica : feuilles longuement pétiolées; pétiole légèrement déprimé supérieurement et offrant une apparence de bordure;

Nicotiana multivalvis : feuilles plus courtement pétiolées; pétiole un peu bordé;

Nicotiana Tabacum: feuilles à pétioles courts plus ou moins largement bordés, et un peu décurrentes;

Nicotiana auriculata: feuilles à pétioles largement bordés et franchement décurrentes.

Ces espèces sont placées dans l'ordre des exastosies décroissantes. Nous ferons seulement cette observation : c'est que la cylindricité parfaite du pétiole indique un état *exastosique* plus prononcé que la longueur du pétiole, par la raison que la cylindricité est le résultat d'une propriété organique du végétal ou d'une exastosie plus tôt formée; tandis que la longueur n'est que la conséquence d'une nourriture plus abondante, et la preuve nous est déjà donnée par le *Campanula pyramidalis.* En voici quelques autres :

Dans le *Lonicera Caprifolium,* les feuilles qui se trouvent sur les pousses vigoureuses, celles qui ne fleurissent pas dans l'année, sont presque toutes pétiolées, quoique courtement; celles qui viennent sur les axes portant les inflorescences sont pétiolées à la base, sessiles un peu plus haut, connées et même perfoliées vers le sommet, car, assez souvent, le défaut d'exastosie est tel que les deux feuilles ne forment plus qu'un disque ou même une sorte de coupe arrondie du fond de laquelle émerge la continuation de l'axe.

2° Le genre *Pentstemon* nous présente une série plus complète que le genre *Nicotiana*, mais d'une autre nature. En effet, dans le *Pentstemon cordifolius* les feuilles sont peu, mais nettement pétiolées; dans les *Pentstemon barbatus*, *Themisteri,* etc., les feuilles sont sessiles; elles sont amplexicaules dans les *Pentstemon digitalis*, *diffusus, ovatus*, etc., et le plus souvent perfoliées dans le *Pentstemon Wrightii* dont les deux feuilles opposées arrivent à faire une seule feuille orbiculaire souvent concave, comme chez le *Lonicera Caprifolium.*

Il est encore une observation qu'il est bon de consigner ici : c'est que lorsque deux feuilles sont parfaitement opposées les défauts d'exastosie peuvent s'annoncer de deux façons très-différentes. Ainsi, dans les exemples du *Lonicera* et du *Pentstemon Wrightii,* nous avons vu les deux feuilles opposées rester unies en une seule feuille perfoliée; ici, pas de décurrence sensible, et la tige fait par rapport aux feuilles perfoliées ce que font les pétioles parfaitement cylindriques par rapport aux limbes.

Mais quelquefois, bien que les feuilles soient opposées, le défaut d'exastosie s'annonce d'une autre façon, comme on peut le voir dans les *Verbesina*, où l'on trouve d'abord des espèces à feuilles opposées, pétiolées, mais à pétiole court et aplati (*Verbesina serrata*); puis des espèces à feuilles décurrentes, à décurrences peu prononcées (*Verbesina Siegesbeckia*) qui se développent en ailes proéminentes de chaque côté de la tige dans le *Verbesina alata*. Or, dans ces exemples, les défauts d'exastosie ne sont pas évidemment du même ordre que dans les exemples précédents, puisque ce n'est que très-accidentellement que les deux feuilles opposées arrivent à se trouver unies par leur base ; mais s'il fallait attribuer une exastosie plus grande dans un cas que dans l'autre, nous n'hésiterions pas à dire qu'elle est plus prononcée dans le *Lonicera* et le *Pentstemon* que dans le *Verbesina*. Nous avions supposé un instant que cela dépendait de la prompte croissance de la tige ou du développement relativement rapide du phytogène central, mais nous avons dû abandonner cette manière de voir en observant que dans le *Dahlia arborea* la tige est vigoureuse et relativement très-développée, quoique pourtant les feuilles se réunissent par leurs pétioles en gouttières, en formant une sorte de nacelle à bords épais et sans que l'on puisse constater une décurrence tant soit peu sensible.

Ainsi, il y a deux séries de plantes offrant des défauts d'exastosie centripète. Dans la première, ce défaut est plus particulièrement *parallèle* à l'axe constituant alors les décurrences et les tiges ailées que nous regardons comme un défaut plus complet que dans la série suivante ; dans celle-ci, les défauts d'exastosie centripète se font plutôt sentir dans un sens *perpendiculaire* à l'axe, et c'est ce qui produit les feuilles sessiles, connées, perfoliées portées sur des tiges cylindriques, quelquefois réunies sur le même axe. Par exemple, si nous examinons une série de feuilles de l'*Eucalyptus globulus*, nous en trouvons qui sont assez longuement pétiolées, d'autres beaucoup moins ; un très-grand nombre sont complétement sessiles ; enfin, dans quelques cas rares, on les trouve connées, et il est hors de doute pour nous qu'il peut s'en trouver, exceptionnellement, qui soient perfoliées à la manière des feuilles du *Lonicera Caprifolium*. Ces différents points bien établis, revenons à l'étude des défauts d'exastosie centripète; mais divisons cette étude en deux parties, selon que les feuilles seront alternes ou opposées.

SECTION 1. — FEUILLES ALTERNES.

Si nous supposons une feuille à limbe dit *décurrent* sur le pétiole, le premier état du défaut d'exastosie centripète sera celui où la feuille est attachée purement et simplement à la tige, comme le sont très-souvent celles du *Digitalis purpurea;* mais nous avons vu que quelquefois la décurrence s'étendait un peu au-dessous de la feuille de chaque côté de l'axe. Si l'on suppose un défaut d'exastosie centripète plus prononcé, alors la nervure médiane de la feuille se fondra davantage avec l'axe, et les *décurrences pétiolaires* paraîtront appartenir à la tige, ainsi que cela arrive aux feuilles caulinaires du *Symphytum officinale,* par exemple. On conçoit que le défaut puisse aller toujours croissant et qu'alors les décurrences sur l'axe soient de plus en plus manifestes et arrivent à se confondre ou plutôt à paraître descendre bien au-dessous de l'origine des décurrences des feuilles immédiatement inférieures; il en résulte que parfois la décurrence supérieure vient se confondre avec la décurrence inférieure pour former une sorte d'aile continue; mais, en général, elles gardent respectivement les mêmes distances que celles que les bases des pétioles laissent entre eux dans chacun de leurs cycles respectifs.

Si l'on veut étudier avec soin les faits que nous venons d'indiquer et en même temps acquérir la preuve que tous ces phénomènes sont bien le résultat d'un défaut d'exastosie centripète, on n'a qu'à choisir les *Scolymus hispanicus* et *grandiflorus*, les *Onopordon illyricum* et *acanthium*, les *Cirsium lanceolatum* et *acanthoïdes,* et l'on ne tardera pas à reconnaître que ces décurrences proviennent d'un défaut d'exastosie centripète, et, d'ailleurs, les deux raisons suivantes vont confirmer cette manière de voir :

1° Dans quelques espèces comme la Digitale, la Consoude, etc., les feuilles inférieures sont sensiblement pétiolées, tandis que les supérieures sont évidemment décurrentes, surtout dans la Consoude, et puisque nous parlons du genre *Symphytum*, disons que les trois espèces que nous connaissons sont très-propres à faire saisir, à elles seules, les différences dans les états d'exatosie centripète que nous venons de signaler. En effet, dans le *Symphytum orientale*, les feuilles presque cordiformes et pétiolées indiquent une exastosie centripète assez prononcée ; elle est beaucoup moins manifeste dans le *Symphytum tuberosum*, dont les feuilles sont à peine semi-décurrentes ; tandis que dans le *Symphytum officinale* les feuilles sont amplement décurrentes, ce qui annonce un défaut d'exastosie centripète bien plus accusé.

2° On peut observer qu'en général les décurrences qui s'étendent sur la tige coïncident avec les décurrences pétiolaires : ainsi, elles sont de même nature, souvent de même largeur, et si les décurrences pétiolaires sont affectées d'exastosies circulaires, les décurrences caulinaires les présentent également et avec les diverses particularités qui les caractérisent. C'est ce que l'on peut parfaitement observer sur les *Cirsium lanceolatum* et *acanthoïdes*, et surtout dans l'*Echinops sphærocephalus*, où les décurrences caulinaires et pétiolaires présentent la même structure, les mêmes sinuosités, les mêmes interruptions, les mêmes dispositions et les mêmes accidents de forme et de développement.

Quelquefois, les décurrences sont semblables de chaque côté de la tige à la base des feuilles ; mais bien souvent aussi la décurrence d'un côté est beaucoup plus prolongée que de l'autre côté. C'est ce que l'on peut observer sur les *Centaurea ferox*, *monspessulanus*, etc. ; et bien que dans ces espèces les décurrences soient peu prononcées, cependant on peut voir surtout dans le *Centaurea monspessulanus* que la décurrence la plus courte correspond au côté où la feuille inférieure est la plus voisine, et, au contraire, la plus longue se trouve du côté où la feuille inférieure est la plus éloignée. Pour cette raison, il y a lieu de les examiner dans les feuilles alternes distiques, tristiques et quinconciales.

§ 1. — *Feuilles alternes distiques.*

Lorsque les feuilles sont alternes distiques, les décurrences s'étendent sur la tige d'une manière égale de part et d'autre, puisque les feuilles sont placées alternativement sur chaque moitié opposée de l'axe ; dans ce cas, si le défaut d'exastosie centripète est assez prononcé et si les décurrences sont assez prolongées, celles de la feuille supérieure coïncideront avec celles de la feuille inférieure, et la tige sera ailée, *biptère*, c'est-à-dire aplatie, bordée d'une membrane foliaire, et offrant alternativement sur les deux faces les restes des limbes de la feuille dont la base sera restée adhérente avec la tige. C'est ce qui nous paraît avoir lieu dans les tiges de certains *Lathyrus*, particulièrement celles des *Lathyrus latifolius*, *incurvus*, *platyphyllus*, *pyrenaicus*, *heterophyllus*, *ensifolius*, etc.; et l'on en trouve en quelque sorte la preuve dans ce fait que le pétiole apparent est aussi large que l'axe ailé chez les *Lathyrus latifolius*, *ensifolius*, *platyphyllus*. D'un autre côté, si l'on suppose un défaut d'exastosie centripète et circulaire assez avancé dans le *Centaurea glastifolia*, les décurrences longues et larges, étant souvent presque opposées à la manière des feuilles alternes distiques, seront unies à l'axe en forme d'ailes analogues à celles des *Lathyrus* précités.

Le *Genista sagittalis* offre le plus souvent des feuilles alternes tristiques, mais souvent aussi les axes les présentent alternes distiques; dans ce cas, la tige est aplatie et les décurrences sont égales et s'arrêtent à la feuille inférieure. Les feuilles qui surmontent ces décurrences étant ovales, très-rétrécies à leur base, de manière à présenter un très-court pétiole, on est naturellement conduit à l'idée que les décurrences ne sont autres que des stipules ou des folioles qui, par défaut d'exastosie centripète, sont restées adhérentes à l'axe. Dans le premier cas, la feuille serait simple; dans le second, ce ne serait plus qu'une foliole, et comme la famille des Légumineuses n'offre que des espèces à feuilles stipulées, les stipules d'une feuille se trouveraient avoir partagé le sort des folioles, et, vivant en commun, stipules et folioles auraient grandi ensemble en prenant la même configuration; voilà pourquoi il est impossible de constater la présence de la moindre stipule dans le *Genista sagittalis*.

Il y a des tiges ailées, comme celles du *Bossiæa scolopendria*, ou du *Carmichælia australis*, qui ont la plus grande analogie, en apparence, avec celles à feuilles alternes distiques du *Genista sagittalis*; mais il s'en faut de beaucoup que les ailes de ces deux sortes d'axes aient le même mode de formation. En effet, dans cette dernière espèce, le limbe de la feuille conserve encore une position *perpendiculaire* à l'axe, et les bourgeons se trouvent à l'aisselle même de la feuille, c'est-à-dire qu'ils *émergent de la face même de l'axe;* tandis que, chez les premières, le limbe paraît être plutôt *parallèle* à l'axe, et les bourgeons qui ne paraissent plus axillaires *se trouvent exsérés sur les côtés de l'axe.* Le défaut d'exastosie entre un pétiole ailé et un axe donne une suffisante explication du phénomène que l'on observe dans le *Genista sagittalis;* mais pour fournir une explication suffisante de l'autre phénomène, il faut de toute nécessité avoir recours à la théorie du défaut d'exastosie appliqué seulement à deux feuilles opposées, comme nous le verrons bientôt.

§ 2. — *Feuilles alternes tristiques.*

De même que nous avons vu les feuilles alternes distiques donner, par défaut d'exastosie, des tiges à deux ailes, de même nous allons voir les feuilles alternes tristiques donner des tiges à trois ailes ou trois côtés.

En effet, si l'on considère les axes floraux du *Centaurea glastifolia,* on voit qu'ils sont parcourus par de longues décurrences, qu'il est difficile de ne pas regarder comme des feuilles très-allongées qui, par défaut d'exastosie, seraient restées unies en grande partie avec la tige. Or, si l'on suppose un défaut d'exastosie plus prononcé, il est impossible que l'on ne conçoive pas aussitôt la formation de la tige triptère des *Baccharis sagittalis, Genista sagittalis,* etc., où l'on retrouve en effet trois décurrences caulinaires qui, partant des feuilles, descendent se confondre presque exactement avec le sommet des décurrences des feuilles inférieures, de telle sorte que du côté de la feuille inférieure la plus voisine la décurrence est moins prolongée que du côté de la feuille inférieure la plus éloignée.

Mais pour que la continuité des décurrences puisse avoir lieu, il faut de toute nécessité 1° que les feuilles tombent exactement les unes au-dessus des autres, et c'est ce qui a lieu dans les feuilles alternes distiques et tristiques, car sans cela les décurrences supérieures pourraient descendre et marcher parallèlement avec les décurrences inférieures sans les rencontrer, quoique se trouvant parfois fort voisines les unes des autres; 2° que le défaut d'exastosie centripète soit profondément accusé et de manière que les décurrences viennent se prononcer sur les deux lignes médianes latérales de l'axe chez les feuilles alternes distiques, ou s'étendre sur chaque tiers de la circonférence de l'axe chez les feuilles alternes tristiques. Dans ces conditions, la nervure de la feuille se fond avec l'axe, tellement, qu'il est difficile de dire si c'est elle qui constitue la majeure partie de l'axe ou si c'est l'axe qui a pris la place de la nervure. Quoi qu'il en soit, malgré cela, il n'est pas rare de trouver des solutions de continuité entre les décurrences supérieures et inférieures, ce qui prouve que, même dans les feuilles alternes distiques ou tristiques, la coïncidence n'est pas toujours parfaite.

§ 3. — *Feuilles alternes quinconciales.*

Dans les feuilles alternes appartenant aux autres cycles, les décurrences ne coïncident qu'accidentellement, et le plus souvent, comme nous l'avons dit, elles marchent parallèlement plus ou moins longtemps. On peut, ce nous semble, jusqu'à un certain point, en donner la raison. Si l'on admet que l'étendue des décurrences est toujours proportionnelle au développement du mérithalle, on peut concevoir que dans les feuilles alternes distiques et tristiques les décurrences supérieures, n'ayant que un ou deux mérithalles à parcourir pour rencontrer les inférieures, la coïncidence sera naturellement plus possible que dans les feuilles quinconciales où la décurrence aurait à parcourir cinq mérithalles; car il y a, toutes choses égales d'ailleurs, une moins grande distance entre la première et la troisième feuille (distique), ou la première et la quatrième feuille (tristique), qu'entre la première et la sixième (quinconciale). Toutefois, cette manière d'expliquer le phénomène ne saurait porter la conviction dans les esprits; et nous-même qui combattons la théorie des décurrences comme perpétuant une fausse manière de voir, puisqu'il est évident que ces productions latérales ne sauraient descendre et qu'au contraire elles monteraient plutôt par défaut d'exastosie, et nous-même n'oserions soutenir cette première interprétation. Voici, selon nous, la vraie théorie du phénomène.

On peut raisonnablement admettre des *époques physiologiques de formation* correspondant au moment où chaque phytogène central d'un protophytogène deviendra lui-même protophytogène. Ainsi, par exemple, comme nous l'avons dit bien des fois (1), les six phytogènes circulaires d'un protophytogène se développant ensemble sont d'une première époque physiologique de formation, tandis que les six phytogènes circulaires du phytogène central devenu lui-même protophytogène, forment dans leur développement une autre époque physiologique de formation, mais une seconde époque, la plus voisine de la première. D'un autre côté, nous savons maintenant que les six phytogènes circulaires (plus les 3 ou 4 supérieurs) vivant en commun, forment les feuilles des monocotylédones, et qu'associés 3 à 3 ou 2 à 2 ils constituent les feuilles opposées ou verticillées par 3 des dicotylédones. Supposons maintenant que trois seulement des phytogènes circulaires d'un premier protophytogène arrivent à former une feuille, cette feuille sera de première époque physiologique de formation; mais, bientôt après, le phytogène central, devenant deuxième protophytogène, donnera trois seulement de ses phytogènes circulaires pour constituer une feuille qui observera dans sa position la loi d'alternance, et cette seconde feuille sera évidemment de seconde époque physiologique de formation ; et comme ces deux époques sont fort voisines, il peut arriver que, par défaut d'exastosie centripète, *la base des feuilles ou même les feuilles entières restent unies avec l'axe tout en s'élargissant à la manière des feuilles ordinaires*, et ainsi adhérentes à l'axe et se trouvant jointes, le sommet de la feuille inférieure avec la base de la feuille supérieure, elles doivent évidemment produire la tige ailée alterne distique du *Genista sagittalis ;* et comme les deux époques physiologiques de formation sont très-voisines, les conditions sont les meilleures pour une complète coïncidence des décurrences. Si l'on fait un raisonnement analogue sur le troisième phytogène central devenu protophytogène, mais en admettant l'alternance tristique, on voit que la feuille qui provient de trois des six phytogènes circulaires de ce nouveau protophytogène est de troisième époque physiologique de formation, et, par conséquent, est déjà bien plus éloignée de la première; aussi, tandis que

(1) Consulter, à cet égard, notre *Phytomorphie.*

dans les feuilles alternes distiques du *Genista sagittalis* la coïncidence des décurrences est parfaite, on voit au contraire, dans les tiges alternes tristiques de la même plante, un défaut de coïncidence assez marqué pour qu'il ne soit pas méconnaissable. Si nous appliquons un raisonnement analogue aux décurrences des feuilles alternes quinconciales, et, à plus forte raison, aux feuilles disposées suivant des cycles plus compliqués, on comprendra que la coïncidence des décurrences supérieures avec les décurrences inférieures soit à peu près impossible.

Toutefois, et afin de rester en accord avec nos idées les mieux arrêtées au sujet de la disposition originelle des feuilles sur l'axe, lesquelles idées consistent en ce que, pour nous, la plupart des feuilles de dicotylédones, dans un protophytogène, sont originellement opposées ou verticillées (1), et que ce n'est que par *diastasie*, souvent très-précoce, qu'elles arrivent à s'éloigner en suivant un ordre de distance dont nous ne connaissons pas la cause exacte, nous devons modifier un peu l'explication précédente. En effet, dans cette nouvelle manière de voir, l'explication du phénomène est encore plus simple, puisqu'il suffit d'appliquer la théorie des déplacements à deux feuilles opposées qui se seraient épanouies en un limbe plus ou moins étalé, tout en présentant un défaut d'exastosie centripète et circulaire complet entre ce limbe et l'axe même; d'où il résulte nécessairement qu'après le transport d'une des feuilles opposées au-dessus de l'autre, les deux parties limbaires, supérieure et inférieure, doivent nécessairement coïncider, et il en est de même pour les feuilles verticillées par 3, qui forment l'ordre alterne tristique par suite de diastasie (2). Or, on peut remarquer que dans cette manière de voir les deux feuilles alternes distiques ou les trois feuilles alternes tristiques sont d'une même époque physiologique de formation, et que par conséquent leurs limbes et la tige subissant un défaut complet d'exastosie centripète et circulaire, la tige doit représenter deux ailes dans le premier cas, et trois ailes dans le second;

(1) *Essai de phytomorphie*, pl. VII, *fig.* 28, 29.

(2) Voir le chapitre de la *Métathésie végétale* (*Phytomorphie*), où nous établissons que les feuilles, toutes exactement superposées, sont une sorte d'anomalie à la loi d'alternance ordinaire, mais que cette loi d'alternance n'est plus utile ici, puisque la diastasie a reproduit une alternance équivalente.

et comme la seconde époque physiologique de formation, voisine d'ailleurs de la première, donne des organes appendiculaires exactement placés au-dessus de ceux de la première époque, on voit qu'il doit y avoir coïncidence tout le long de l'axe entre les décurrences de diverses époques de formation. Enfin, comme il se produit un commencement d'exastosie transversale, mais portant plutôt sur les parties limbaires des diverses époques de formation, on voit souvent, de distance en distance, des angles rentrants correspondant précisément au sommet de l'une des décurrences inférieures.

Il n'en est plus de même de la disposition quinconciale, car, ainsi que nous croyons l'avoir démontré autre part, le cycle entier nous paraît être le résultat du déplacement d'un verticille de deux feuilles et d'un verticille de trois (1), ce qui établit déjà deux époques physiologiques de formation; mais comme la seconde époque de formation, quoique voisine de la première, fournit des organes qui sont alternes avec ceux de la première formation, il ne saurait y avoir de coïncidence, et dès lors les décurrences doivent marcher parallèlement les unes avec les autres sans se toucher, si ce n'est que tout à fait accidentellement. Quant au verticille de la troisième époque physiologique de formation, il aurait beau être formé au-dessus de celui de la première époque, il y a trop de distance entre ces deux formations pour que les dernières coïncident exactement avec les premières. Ajoutons à cela que le défaut d'exastosie centripète n'a pas été assez prononcé pour que le défaut d'exastosie circulaire ait pu s'ensuivre.

Un des caractères qui singularise le groupe de plantes dont nous parlons ici, c'est que le bourgeon paraît toujours être axillaire, c'est-à-dire qu'il se développe au milieu du limbe de la feuille, ou sur l'une des faces de l'axe, que cette feuille soit peu ou presque entièrement adhérente à l'axe, ou qu'elle provienne de l'alternance distique, ou de l'alternance tristique, ainsi qu'on peut le voir sur les deux dispositions que l'on trouve fréquemment dans le *Genista sagittalis;* de sorte que l'on peut se servir

(1) *Recherches sur le nombre type des parties constituant les divers cycles hélicoïdaux*, etc. (*Compte rendu, Acad. des sciences*, janvier 1861.)

de ce caractère pour reconnaître aussitôt dans une plante à tige *biptère* ou *triptère* si les feuilles adhérentes et souvent disparues sont bien alternes distiques ou tristiques.

Dans tous les exemples que nous venons de citer dans cette section des feuilles alternes, il n'a été question que du défaut d'exastosie centripète *parallèle* à l'axe; mais on comprend qu'il y a certaines feuilles alternes qui présentent aussi le défaut d'exastosie, mais alors *perpendiculaire* à l'axe, ainsi que nous l'avons dit page 103, et dont on trouve de beaux exemples dans les feuilles perfoliées du *Buplevrum rotundifolium*. Comme on ne peut en tirer aucune conséquence phytogénique importante autre que celles que nous avons fait connaître, nous ne nous étendrons pas davantage sur leur sujet.

SECTION II. — FEUILLES OPPOSÉES.

Lorsque le défaut d'exastosie centripète et *perpendiculaire* des feuilles se présente sur les plantes à feuilles opposées, il en résulte des phénomènes bien connus dans le *Lonicera Caprifolium*, et dont nous avons parlé page 102; par conséquent, il n'y a pas lieu d'y revenir.

Il n'en est plus ainsi quand le défaut d'exastosie centripète et *parallèle* se présente sur les feuilles opposées, car alors nous trouvons toute une série de phénomènes dont l'explication est réellement inattendue.

En effet, dans certaines plantes à feuilles opposées, on voit s'étendre, d'abord sur une faible partie de la tige, de chaque côté de la feuille, une légère décurrence; dans quelques autres, cette décurrence se prononce davantage, et, dans quelques-unes, finit par envahir toute la tige, qui revêt un aspect ailé facile à constater dans le *Coreopsis alata* (1). Nous avons déjà dit que les *Verbesina* nous présentaient d'abord des espèces à feuilles opposées pétiolées (*Verbesina serrata*), puis une espèce à feuilles décurrentes sur la tige et à décurrence peu prononcée (*Verbesina Siegesbeckia*) conduisant à la décurrence plus large que l'on observe sur la tige du *Verbesina alata* (2). Or, si l'on vient à supposer un défaut

(1) Turpin, *Iconog. végét.*, tabl. 8, *fig.* 6.
(2) Cette espèce est donnée par Linnée comme ayant des feuilles alternes :

complet d'exastosie entre les feuilles dressées et l'axe, on arrive à concevoir l'explication de certains phénomènes végétaux qui, jusqu'à ce jour, ont dû quelquefois embarrasser quelques botanistes, ou tout au moins qui n'ont pas reçu d'explications mécaniques suffisantes. Comme les feuilles opposées présentent quelques modifications importantes dans leur opposition même, nous allons en faire le sujet de plusieurs paragraphes.

§ 1. — *Feuilles opposées toutes dans un même plan.*

Commençons par concevoir une plante à feuilles opposées mais toutes placées les unes au-dessus des autres, sans alternance, et nous en avons des exemples dans les *Zygophyllum*, les *Tribulus*, les *Porliera*, les *Euphorbia*, etc. Maintenant, supposons une espèce ayant cette disposition avec des feuilles simples dressées et un défaut d'exastosie centripète qui ferait que les deux feuilles développées à la manière d'une *fascie foliaire* (1) seraient complétement unies entre elles par leur face supérieure en enveloppant l'axe. De cette façon, chaque double demi-limbe de feuille ferait sur chaque côté de la tige l'effet de deux ailes d'une forme dépendant de celle des feuilles, de sorte qu'une succession de ces feuilles opposées ainsi appliquées l'une sur l'autre donnerait à l'axe l'apparence d'une tige de Cactée phyllomorphe : un *Phyllocactus* par exemple; mais alors il y a lieu de distinguer plusieurs modifications qui font naître des figures différentes résultant cependant toutes d'un même mode de formation.

1° Supposons les deux feuilles parfaitement appliquées l'une sur l'autre, intimement unies et de manière à faire que l'axe coïncide exactement avec les deux nervures médianes des feuilles; on aura alors un axe ailé présentant la forme de la *fig.* 99, A. Or Pl. XIII. il est impossible que l'on n'y reconnaisse pas la figure de certaines Cactées des genres *Cereus*, *Rhipsalis*, *Epiphyllum*, *Phyllocactus*, etc. Il y a toutefois une légère différence que nous devons signaler et qui constitue une des modifications dont nous venons de parler.

foliis alternis decurrentibus undulatis obtusis; mais nous l'avons trouvée bien plus souvent à feuilles opposées.

(1) *Essai de phytomorphie*, p. 332.

2° En supposant les deux feuilles parfaitement appliquées l'une sur l'autre, mais dont les nervures médianes ne coïncident pas exactement avec l'axe, il se produit une sorte d'alternance distique qui fait qu'une paire de feuilles unies ainsi que nous venons de le dire se trouve portée un peu d'un côté de la tige, tandis que la paire supérieure se porte un peu de l'autre côté ; et comme ces deux paires de feuilles sont d'époques physiologiques de formation différentes, et que d'ailleurs elles inclinent alternativement de chaque côté de l'axe, il s'ensuit que les sinus constitués par les sommets d'une première paire et la base d'une troisième paire ont une disposition alterne distique très-appréciable, *fig.* 99, B. C'es cette inclinaison alternative d'un côté et de l'autre de l'axe qu constitue la différence que nous venons de signaler entre les Cactées phyllomorphes et la *fig.* 99, A. Ici le sommet des deux feuilles paraît confondu avec la base des deux feuilles unies qui les surmonte, ou tout au plus il est arrondi et vient coïncider avec le sinus que forment les feuilles ainsi étagées.

3° Cette inclinaison alternative peut augmenter plus ou moins, de façon à former une sorte de pointe assez prononcée pour que l'on puisse juger que cette pointe est bien le sommet des deux feuilles unies. Dans ce cas, le sinus est plus profond et vient quelquefois toucher l'axe médian ; mais alors les deux feuilles unies forment comme une sorte de décurrence qui atteint le sommet ou plutôt l'espèce d'aisselle que forment les deux feuilles unies inférieures, *fig.* 99, C ; mais en même temps la nervure médiane de ces doubles feuilles se fond avec l'axe, et ce n'est que très-haut qu'elle s'en échappe pour se rendre au sommet organique de la double feuille. Cette modification est surtout facile à étudier dans la tige ailée de l'*Acacia alata*, *fig.* 99, C, et nous allons voir que ces ailes ne sont autres que des *phyllodium* qui, dans un certain nombre d'autres espèces du même genre, se trouvent plus détachés de l'axe.

On peut voir que la théorie des doubles feuilles rend compte : 1° de la propriété que présentent les phyllodes et les Cactées phyllomorphes d'agir à la manière des feuilles dans l'acte de la respiration, et leurs faces, en effet, sont recouvertes de nombreuses stomates ; 2° de leurs deux faces complétement identiques ; 3° et enfin de leurs limbes et de leur axe qui sont compris dans un même plan. En un mot, ici, le plan des limbes, selon la théorie, doit toujours être parallèle à l'axe au lieu de lui être perpendiculaire, comme dans le cas des feuilles ordinaires, et c'est en effet ce qui a lieu. Cherchons maintenant quelques analogies à l'appui de cette théorie.

Nous avons dit bien des fois déjà, dans notre *Phytomorphie*, que les six phytogènes circulaires, plus ceux qui les surmontent, entraient tous dans la composition d'une feuille de monocotylédone, tandis qu'ils se partageaient en deux pour former les feuilles opposées des dicotylédones. On peut donc dire que chaque feuille de monocotylédone équivaut à deux feuilles opposées de dicotylédone. Pour que la feuille de monocotylédone se forme, il faut qu'il y ait exastosie circulaire d'un côté du protophytogène en même temps qu'exastosie centripète autour du phytogène central, et dans ces conditions, ordinairement, la feuille se développe en un limbe rarement pétiolé. Ainsi, les feuilles de monocotylédones sont en défaut d'exastosie par rapport aux feuilles de dicotylédones, non-seulement parce que les éléments des deux feuilles opposées ne présentent qu'une exastosie circulaire au lieu de deux, mais aussi parce que les feuilles qui en résultent sont très-souvent dépourvues de pétiole. Or ce défaut d'exastosie s'exagère encore dans certains cas de deux façons, soit en formant des feuilles *creuses*, comme dans quelques *Allium*, ou des feuilles *ensiformes*, comme celles des *Iris*, lesquelles sont loin d'avoir le même mode de formation des autres feuilles du même embranchement. Nous reviendrons plus loin sur les premières; nous n'avons à nous occuper ici que des dernières.

Pour que les feuilles de monocotylédones présentent un limbe dont le plan coupe *transversalement* l'axe, c'est-à-dire pour qu'il lui soit *perpendiculaire*, il faut de toute nécessité que tous les phytogènes circulaires ou périphériques, *fig.* 100, A, pendant le développement de la feuille, se disposent peu à peu, suivant un même plan qui ne comprenne que des phytogènes simples, *fig.* 100, B, et c'est là le cas le plus habituel, *fig.* 100, C; et cette circonstance nous paraît expliquer assez bien la disposition *convolutive*, c'est-à-dire celle dans laquelle le limbe est roulé en cornet, que l'on remarque dans les Scitaminées, les Amomées, et un très-grand nombre de Graminées. Mais supposons que ces phytogènes simples circulaires ou périphériques viennent à se développer au-dessus du phytogène central, tout en restant unis par leur face interne (celle qui, dans la feuille normale, serait devenue la face supérieure), alors cette feuille s'allonge en formant une feuille pliée intérieurement et longitudinalement sur elle-même, constituant ainsi une feuille dont le plan coupe *longitudinalement* l'axe, c'est-à-dire qu'il lui est *parallèle*, comme on peut le voir dans la *fig.* 100, D, dans laquelle nous avons à dessein coupé la feuille au sommet pour montrer qu'elle est parfaitement simple, et que la plicature a complétement disparu par défaut d'exastosie. Dans ce cas, le produit ultérieur du phytogène central, c'est-à-dire le nouvel axe, ne peut sortir de la feuille que par une fente latérale qui est tout à fait à sa base, car cette feuille n'est pas pétiolée, et nous verrons que beaucoup de feuilles de monocotylédones ne le sont pas. Or ce mode de formation, quoique paraissant anormal pour les monocotylédones, est cependant normal pour la plupart des Iridées (*Iris*, *Gladiolus*, *Sisyrinchium*, *Morea*, etc.), et quelques autres monocotylédones. Mais nous avons dit que la feuille de monocotylédone équivalait à 2 feuilles opposées de dicotylédone ; conséquemment, on peut voir dans une feuille d'Iridée soit une feuille de monocotylédone pliée longitudinalement en 2, soit 2 feuilles opposées qu'un défaut d'exastosie centripète aurait maintenu dans un état d'union intime, par leur face interne. Si nous nous sommes bien fait comprendre, on doit voir qu'il y a une analogie manifeste entre le mode de formation de la feuille des Iridées et la manière dont s'est formée l'aile ou plutôt la feuille également parallèle à l'axe de l'*Acacia alata*, et l'on a dû aisément saisir le passage des feuilles opposées, développées latéralement, mais enveloppant et faisant corps avec l'axe, par défaut d'exastosie centripète, aux feuilles doubles déjetées latéralement des Iridées et de l'*Acacia alata*. Evidemment, dans cet ordre d'idées, les ailes de cette dernière espèce sont une double feuille que le défaut d'exastosie centripète a rendue décurrente, de même que la feuille des Iridées est une double feuille que le défaut d'exastosie a rendue sessile, embrassante et à limbe vertical.

Si maintenant le défaut d'exastosie centripète, existant toujours pour les deux feuilles latéralement déjetées et formant un limbe parallèle à l'axe ou tige ; si, disons-nous, l'on vient à supposer une exastosie latérale telle que ces doubles feuilles soient plus ou moins pétiolées, il est de toute évidence que le plan des feuilles restera toujours parallèle à l'axe, et nous tomberons alors dans les conditions normales de ce que De Candolle a désigné sous le nom de *pétiole dilaté* ou *phyllode*. Donc, phytogéniquement, un phyllode est l'analogue des ailes de l'*Acacia alata*, et le passage de l'un à l'autre est facile à saisir dans les phyllodes presque sessiles des *Acacia armata* et *paradoxa* passant aux phyllodes presque pétiolés des *Acacia falcata, longifolia, Dodoneifolia,* etc. Si au contraire on vient à supposer une *soudure* entre l'axe et le phyllode des *Acacia paradoxa* et *armata*, il est de toute évidence que l'on aura reproduit l'aile de l'*Acacia alata*. En effet, pour s'en convaincre, il suffit d'observer que le phyllode des premiers n'est pas exactement symétrique par rapport à sa nervure médiane, et que le côté qui regarde l'axe est beaucoup plus étroit que le côté contraire (*Acacia armata*, *fig.* 101, A). Si dans la fusion de ce petit côté avec l'axe le défaut d'exastosie peut confondre la nervure avec l'axe lui-même, alors le côté externe devient la décurrence ou l'aile de la tige. Or, il est bon de remarquer que le développement moindre du côté interne de ce phyllode est déjà un indice d'exastosie moins prononcée que dans les espèces à phyllodes presque pétiolées, puisque ces organes sont alors beaucoup plus symétriques (*Acacia longifolia*, *fig.* 101, B). Enfin, puisque phytogéniquement la feuille des *Iris*, *Gladiolus*, etc., a un même mode de formation, ce serait plutôt un phyllode qu'une feuille, quoique participant de la feuille de monocotylédone par sa base embrassante, mais tenant surtout du phyllode par sa partie supérieure limbaire dont le plan est vertical ou parallèle à l'axe, et cette feuille est précisément l'exemple le plus propre à faire concevoir le passage d'une feuille de monocotylédone pliée longitudinalement et dont les deux moitiés latérales sont adhérentes, ou de deux feuilles opposées de dicotylédones acolées par leurs faces supérieures, aux organes que l'on a distingués par le nom de *phyllode*.

Il résulte de cette manière de voir que non-seulement les ailes des Cactées phyllomorphes sont les analogues des phyllodes avec défaut d'exastosie latérale, ou plutôt défaut d'inclinaison alternative suffisante d'un et d'autre côté de l'axe, mais que les phyllodes ou les deux feuilles opposées des dicotylédones unies par leurs faces supérieures sont les analogues des feuilles de monocotylédones; de là plusieurs conséquences importantes pour l'explication des faits :

1° Les feuilles de monocotylédones se distinguent de celles des dicotylédones par leurs nervures, en général parallèles. Or, c'est précisément là le caractère distinctif des phyllodes, ainsi qu'on peut le voir *fig.* 101, B; et si quelques botanistes éminents ont été embarrassés pour distinguer dans quelques cas le phyllode d'une feuille, c'est qu'ils n'étaient point en mesure de se servir du caractère distinctif que nous pouvons maintenant donner de cet organe. En effet, puisque l'usage a adopté le nom de phyllode pour distinguer des organes qui ont la plus grande analogie avec les feuilles, nous basant sur les considérations précédentes, nous conserverons ce nom *à tout organe foliacé dont le plan du limbe sera parallèle à l'axe;* tandis que ce seront des feuilles toutes les fois que le contraire arrivera, c'est-à-dire *lorsque le limbe formera un plan perpendiculaire à l'axe*, que les nervures soient parallèles ou qu'elles soient divergentes.

2° Nous avons dit, dans notre *Phytomorphie*, p. 267, comment, chez les monocotylédones, les bourgeons axillaires, quand ils se forment, prenaient naissance, et nous avons cherché à démontrer que le phytogène provenant du *méat interphytogénique* qui se trouve au point où se fait l'exastosie circulaire (*loc. cit.*, pl. VII, *fig.* 27) ne se développait jamais, et qu'au contraire le phytogène provenant du méat interphytogénique opposé, celui qui se trouve au milieu même de la base de la feuille, mieux protégé et mieux nourri par elle, sera celui qui se développera de préférence aux cinq autres. Mais nous avons dit que deux feuilles de dicotylédones, opposées et unies par leur face supérieure, deviennent les analogues d'une feuille de monocotylédone; par conséquent, c'est exactement à leur aisselle que devra se former le bourgeon. Voilà pourquoi le bourgeon se forme exactement à l'aisselle des phyllodes des *Acacia;* à l'aisselle de chaque aile de l'*Acacia alata*, *fig.* 99, C; aux sinus des phyllodes continus des Cactées phyllomorphes, c'est-à-dire sur leurs bords et non sur leurs faces, ce qui est précisément le contraire pour les tiges ailées résultant du défaut d'exastosie centripète des feuilles alternes et des axes (p. 107).

3° Enfin, puisque tous les phytogènes périphériques d'un protophytogène entrent dans la constitution de l'organe appendiculaire, on voit qu'il n'est pas possible de rencontrer des phyllodes parfaitement opposés, et à plus forte raison exactement verticillés. Ce n'est donc que par à peu près que l'on a donné à l'une des espèces du genre *Acacia* la spécification de *verticillata;* car il est impossible d'y voir le moindre verticille tant soit peu bien formé, et si quelquefois les phyllodes prennent l'apparence de l'opposition ou du verticillisme, c'est par *plésiasmie* produite, ainsi que nous l'avons démontré autre part pour d'autres exemples (1), par le défaut de développement d'un ou de plusieurs mérithales, qui font que les feuilles restent quasi opposées ou verticillées alors qu'elles auraient dû être beaucoup plus séparées.

Mais la nature, qui semble se jouer de toutes nos méthodes de classification, nous montre encore ici des exemples d'organes qu'il est bien difficile de classer. En effet, en admettant comme *criterium* certain la définition distinctive que nous venons de donner de la feuille et du phyllode, dans quelle division devons-nous placer la feuille des Iridées précitées? Si l'on ne considère que son sommet, c'est un phyllode; mais si l'on observe sa base, ce doit être une feuille. D'ailleurs si l'on se décide à se baser sur son sommet, comme étant la partie de plus ancienne formation, et, si nous pouvons nous exprimer ainsi, la plus adulte, nous la regarderons comme un phyllode; mais alors nous nous trouvons de nouveau embarrassé en présence des feuilles des *Phormium tenax* et *cookianum*, par exemple, qui présentent à leur sommet une sorte de plan perpendiculaire à l'axe, vers le milieu une adhérence des deux côtés et, à sa base, une séparation des deux demi-feuilles, comme chez les *Iris*. Ce qui semblerait indiquer dans le *Phormium tenax* que la feuille unique est bien le résultat de deux feuilles opposées plus ou moins unies par leurs faces internes, c'est que quelquefois l'exastosie se prononce au sommet de la

(1) *Obs. sur les dédoubl. végét.* (*Comte rendu Acad. sciences*, **mars 1855, et** *Bull. soc. bot. France*, **t. II**, p. 235.)

feuille de façon à simuler deux feuilles appliquées l'une sur l'autre, et cette indication est encore augmentée par la couleur rouille que l'on observe sur les marges des bords libres et sur toute la longueur du bord qui constitue en quelque sorte le dos de la feuille.

Le passage de la feuille plane à limbe perpendiculaire à l'axe, au phyllode est tellement visible, qu'il nous suffira d'indiquer la progression d'adhérence suivante pour en faire saisir la valeur. Dans les genres *Lilium*, *Yucca*, etc., les feuille sont planes, perpendiculaires à l'axe, ainsi que le représente leur section transversale A, *fig.* 103; déjà, dans le *Funkia ovata*, la base de la feuille forme une sorte de pétiole plus ou moins engaînant, à section transversale, en forme de C, *fig.* 103, B; dans les *Hemerocallis flava* ou *fulva*, la feuille est pliée dans le sens de sa longueur, sans qu'il y ait la moindre adhérence entre les deux moitiés, et sa section transversale offre la forme représentée en C, *fig.* 103. Dans le *Dianella cœrulea*, cette feuille pliée commence à être adhérente vers le fond de la plicature, et dans le *Dianella scabra*, les *Phormium tenax* et *Cookianium*, la feuille pliée dans sa longueur montre, vers le fond de sa plicature, une adhérence qui va quelquefois jusque vers les bords, ainsi que l'indique sa section transversale, *fig.* 103, D; mais cette adhérence n'occupe encore qu'une faible étendue en longueur, et la partie supérieure est à peu près plane et perpendiculaire à l'axe. Dans les *Iris*, *Gladiolus*, *Morœa*, *Sisyrinchium*, *Libertia*, *Wachendorfia*, *fig.* 102, A, la plus grande partie de la feuille présente ses deux moitiés parfaitement appliquées l'une sur l'autre et adhérentes de façon à représenter une section transversale semblable à celle que nous avons reproduite *fig.* 103, E. Enfin, ces deux moitiés ou ces deux feuilles opposées sont entièrement adhérentes dans les phyllodes, qu'on les considère dans les *Acacia*, *fig.* 101, ou dans les Cactées phyllomorphes, *fig.* 99, B.

Pour peu que l'on jette un coup d'œil sur l'ensemble des sections A, B, C, D, E, *fig.* 103, on ne tarde pas à comprendre comment de perpendiculaire à l'axe représenté par un point noir, la feuille arrive à lui être parallèle. Enfin, pour plus de précision, supposons opposées les feuilles du *Hakea saligna*, *fig.* 102, B, qui ont à peu près même forme, même grandeur et même base que certains phyllodes, si l'on vient à admettre une adhérence des 2 faces supérieures et une inflexion sur le côté, on aura reproduit assez exactement le phyllode de l'*Acacia falcata* ou *longifolia*, *fig.* 101, B, et l'on verra en même temps que ces deux feuilles opposées, à limbes perpendiculaires à l'axe, forment par leur union un limbe parallèle à cet axe. Restera maintenant à discuter la question de savoir si les parties ainsi appliquées sont des limbes ou si elles ne sont que des pétioles.

Nous n'ignorons pas que l'on peut nous faire plusieurs objections importantes relativement à cette théorie des phyllodes. Les principales sont les suivantes :

1° Nous admettons des feuilles opposées chez des plantes dont la famille entière n'en présente pas. Mais il n'est aucun botaniste aujourd'hui qui ne reconnaisse que l'alternance et l'opposition se rencontrent très-souvent sur le même individu et sur la même branche, et que par conséquent ce caractère est de trop peu de valeur pour être le sujet d'une objection sérieuse. D'ailleurs, ce qui n'a pas lieu d'ordinaire chez les individus d'une famille ou d'un genre peut, par exception, se rencontrer normalement chez quelques individus de la même famille ou du même genre. D'un autre côté, nous avons dit bien des fois, et la théorie phytogénique en fournit une preuve, que la disposition type des feuilles de dicotylédones était le verticillisme par 3, ou l'opposition, et que l'alternance n'arrivait que par le déplacement des éléments du verticille (1). Or, on comprend aisément que le défaut d'exastosie centripète des deux feuilles opposées *étant congénial*, il est impossible qu'il y ait déplacement, et que l'opposition persiste malgré la prédisposition organique générale qui veut que les feuilles de cette grande famille de dicotylédones se déplacent avec une constance remarquable.

2° Nous comparons des phyllodes à de vraies feuilles opposées, ce qui ne saurait être, puisqu'il est admis que ce sont des pétioles dilatés.

D'abord, nous pourrions ne pas discuter la question de savoir si le phyllode est ou non un limbe plutôt qu'un pétiole, et

(1) Ch., Fd. *Recherches sur le nombre des parties composant les divers cycles hélicoïdaux*, etc. (*Compte rendu de l'Institut*, septembre 1855, p. 428. — *Bull. soc. bot. France*, t. II, p. 568.)

chercher à expliquer purement et simplement la direction anormale de son limbe. Ensuite, la question des phyllodes, des limbes et des pétioles n'est pas si nettement éclairée que ces organes ne donnent lieu à des opinions diverses concernant leur nature.

Tant que l'on n'a pas pu donner une explication satisfaisante à ces prétendus pétioles, leur forme et la direction de leur limbe a dû nécessairement les faire distinguer des feuilles et le nom que De Candolle lui a si heureusement donné a suffi pour établir nettement cette différence. Quant à l'idée que ce sont des pétioles dilatés, elle a dû se produire en présence des feuilles variables et plus ou moins composées, qui se trouvent continuer le phyllode des *Acacia heterophylla* et *sophora*. Mais cette raison pourrait bien être insuffisante pour décider que le phyllode est un pétiole, de même, comme nous le verrons plus loin, que l'on a étendu le nom de pétiole à des parties de la feuille qui ne nous semblent pas mériter ce nom.

D'un autre côté, en nous en rapportant à ce qui a lieu dans les feuilles des *Gleditschia*, *fig.* 37 et 38, pl. VI, on pourrait soutenir que les exastosies circulaires qui ont fait les folioles par le bas, se sont portées vers le haut dans les feuilles des *Acacia* précités, et que la partie élargie n'est qu'une portion de feuille simple terminée par une autre portion de feuille composée. Seulement, le phénomène, de symétrique qu'il serait le plus souvent chez les *Acacia*, deviendrait asymétrique dans les *Gleditschia*.

Dans tous les cas, bien que malheureusement nous n'ayons jamais pu voir sur le vivant les feuilles dont nous avons reproduit un exemple, *fig.* 102, C, cependant, d'après celles qui sont représentées par De Candolle (1) et Aug. Saint-Hilaire (2), on reconnait que le plan de chaque foliole est compris dans le plan du pétiole, par conséquent toute la feuille composée a son plan parallèle à l'axe, et rien dans cette disposition ne s'oppose à l'idée de deux feuilles, même composées, unies congénialement face à face; car elles seraient dans le cas où se trouveraient les deux feuilles composées et opposées des *Tribulus terrestris* et *Porliera hygrometrica* qui resteraient unies ensemble par leur face supérieure et qui seraient déjetées sur le côté.

(1) *Organog. végét.*, pl. 16, *fig.* 2, 3, 4.
(2) *Morphol.*, pl. 5, *fig.* 51.

3° Si les phyllodes étaient le résultat d'un défaut d'exastosie entre deux feuilles opposées, leur base devrait occuper sur l'axe plus de place qu'on ne leur en voit occuper.

Si l'on observe que lorsque la double feuille se déjette sur le côté pour laisser passer le bourgeon terminal, toutes ces parties sont extrêmement petites et littéralement microscopiques, on comprendra que la tige grossissant beaucoup du côté où la double feuille ne se trouve pas portée, la base de celle-ci arrive bientôt à n'occuper plus qu'un point très-restreint sur la tige. Tous ceux qui ont fait l'organogénie des feuilles savent très-bien que le mamelon qui doit constituer une feuille est souvent plus volumineux que le bourgeon terminal en miniature ou phytogène central, et pourtant, par les progrès de l'évolution, il arrive que l'on a un axe volumineux, relativement, sur lequel se trouve exsérée une feuille dont le pétiole n'occupe qu'un très-petit espace.

4° Les phyllodes sont bien des pétioles dilatés, car toutes les feuilles des Mimosées sont composées d'une grande quantité de folioles, et c'est même là un caractère général.

Cette objection est évidemment la plus sérieuse de toutes celles que l'on peut faire ; mais elle ne reste pas sans réponse, et l'on peut même en donner plusieurs :

a. Qu'y aurait-il d'extraordinaire dans le fait d'espèces à feuilles simples se rencontrant dans un groupe à feuilles composées ? Mais toutes les familles en sont là : à côté d'espèces à feuilles composées, on en trouve d'autres à feuilles fort simples, et si par hasard il se forme au sommet de cette feuille des éléments foliolaires, ce pourrait être par une répétition d'organismes semblable à celles dont nous avons donné des exemples dans les *Tamus communis*, *Phaseolus* et *Ptelea trifoliata* (1), organismes qui, plus épuisés, doivent nécessairement prendre une forme plus grêle ; de là des exastosies nombreuses qui font des folioles rentrant dans le plan général de la formation des feuilles du groupe.

b. Si le phyllode est le résultat d'un défaut d'exastosie de deux feuilles opposées, comme le sont les deux côtés d'une feuille

(1) *Essai de Phytomorphie*, t. I, pl. XIII, *fig.* 92, 93, 94.

d'Iridée, il doit y avoir une somme de vitalité double, un tissu cellulaire double, deux conditions qui s'opposent aux exastosies circulaires et doivent maintenir la feuille dans une grande intégrité. Aussi voyons-nous les phyllodes être généralement très-simples dans leur constitution, sans lobes, découpures ou dents, plus épais que les feuilles ordinaires, et sous ce rapport nous retrouvons les mêmes caractères dans les feuilles des Iridées et dans les phyllodes des *Acacia*, ainsi que dans les ailes des Cactées phyllomorphes.

Si nous sommes entré dans tous ces détails, c'est plutôt pour envisager la question sous tous ses points de vue que dans une idée de controverse; car lorsque nous reviendrons sur cette discussion à propos de l'organographie de la feuille nous verrons que notre opinion penche aussi en faveur d'un pétiole dilaté dont la verticalité avait besoin d'être expliquée.

§ 2. — *Feuilles opposées décussées.*

On a vu que les feuilles opposées toutes dans un même plan, en restant unies à l'axe par défaut d'exastosie centripète, pouvaient donner lieu à une tige ailée, aplatie à la manière des feuilles ordinaires, c'est-à-dire ne formant que deux ailes opposées. Mais si l'on suppose des feuilles opposées *décussées* se développant dans les mêmes conditions, ou, en d'autres termes, restant unies, par défaut d'exastosie centripète, entre elles et enveloppant la tige, il est évident que nous aurons alors les éléments des quatre ailes ou côtes de certains végétaux; admettons, de plus, que les éléments superposés ne soient séparés les uns des autres que par de très-courts mérithalles, chaque double feuille inférieure sera plus ou moins unie avec chaque double feuille supérieure, et si l'on conçoit en même temps l'inflexion alternative de chaque élément superposé, comme nous l'avons indiqué dans le paragraphe précédent, on aura toutes les conditions mécaniques de la formation des côtes de certaines tiges *tétraptères*, comme le sont celles des *Cereus punctatus, thalassinus, variabilis, Jamacaru, lætevirens, sublanatus*, etc., et cette idée nous paraît en quelque sorte confirmée par l'inflexion beaucoup plus prononcée des éléments foliaires que l'on observe sur le *Rhipsalis paradoxa*, où l'on voit souvent des portions de côtes disposées sur quatre rangs opposés, mais chaque élément étant alterne par rapport à son opposé. Ajoutons que si le développement de la fascie foliaire, ou feuille, est moins prononcé, ce qui indique toujours une exastosie moins avancée, les quatre ailes ne seront plus apparentes que sous forme d'angles, et nous aurons ainsi la raison d'être des tiges tétragones dont les *Cereus* nous fournissent encore d'excellents exemples dans les espèces connues sous les noms de *Cereus tetragonus*, *horridus*, *hamatus*, *obtusus*, *validus*, *grandis*, *princeps*, etc. Cette manière d'expliquer ces singulières tiges nous paraît fortifiée par l'exemple des tiges quadrangulaires des *Stapelia* qui, privées de feuilles, présentent en effet des bourgeons décussés ou parfaitement opposés en croix et placés sur les angles. Mais, précisément à cause de l'opposition exacte de leurs bourgeons, nous admettons qu'il n'y a pas eu d'inclinaison latérale des éléments foliaires; en d'autres termes, le défaut d'exastosie centripète s'est fait de façon que les nervures médianes des feuilles opposées ont complétement coïncidé avec l'axe. En exagérant encore les mêmes défauts d'exastosie, nous arrivons aux axes plus ou moins charnus qui ne présentent même plus d'angles, et l'on a alors les tiges cylindriques des *Rhipsalis cassytha*, *floccosa*, *funalis*, *fasciculata*, etc., ou les articles quelquefois cylindriques des *Hariota salicornoïdes* et *Saglionis*, etc. Enfin, l'exagération de ce défaut peut être telle, qu'il ne se forme plus la moindre apparence d'éléments foliaires. Dans ce cas, l'axe au lieu d'être épais et de rester plus ou moins longtemps charnu, devient bientôt sec et ligneux, sans produire de feuilles, quoique donnant encore des bourgeons capables de reproduire des axes semblables ou des axes chargés de feuilles. Cette sorte d'axe très-remarquable dans les épines des *Gleditschia*, prend quelquefois un très-grand développement.

§ 3. — *Feuilles opposées hélicoïdées.*

De même qu'il existe des végétaux à feuilles opposées qui ne sont superposées ni suivant un plan, ni suivant une décussation nette comme celle que l'on observe chez les Labiées, de même il se peut que le défaut d'exastosie appliqué à des feuilles opposées suivant un tout autre ordre soit la cause des formes que nous allons essayer de décrire.

En effet, quelques plantes en très-petit nombre, telles que le *Globulea obvallata* et l'*Ajuga genevensis* sortent des règles ordinaires de l'opposition. Ainsi, selon De Candolle, la première de ces espèces offre des feuilles opposées qui sont disposées par paires hélicoïdées; c'est-à-dire que la seconde paire ne coupe la première que sous un angle aigu; la troisième coupe la seconde sous le même angle, et ce n'est que la sixième ou septième qui vient à recouvrir la première, tellement, que chaque système est composé de six ou sept paires hélicoïdées. M. Rœper a observé une disposition à peu près semblable dans les feuilles inférieures de la tige de l'*Ajuga genevensis* (1).

Si l'on fait sur ces feuilles le même raisonnement et la même application du défaut d'exastosie centripète que ceux que nous venons de faire sur les feuilles opposées, suivant un même plan, ou sur les feuilles opposées décussées, on s'expliquera aisément la formation des côtes souvent nombreuses que présentent quelques végétaux, et en particulier les Cactées. Il faut d'abord faire observer que plus les côtes sont nombreuses, plus, en général, les mérithalles sont courts, et il y a là une manifeste application de la loi des balancements organiques. Or, puisque les mérithalles sont très-courts, la double feuille peut coïncider avec une double feuille qui lui sera de beaucoup supérieure, c'est-à-dire qui ne sera que d'une époque physiologique de formation très-supérieure; mais nous avons démontré autre part (2) que plus les mérithalles étaient courts, plus les époques physiologiques de formation étaient rapprochées; par conséquent, il est donc raisonnable de penser que dans certaines Cactées toutes les époques physiologiques de formation étant très-voisines, des doubles feuilles inférieures peuvent être unies, par le sommet, avec la base des doubles feuilles supérieures de plusieurs époques physiologiques de formation. Ainsi s'expliquent aisément toutes les côtes que l'on observe dans les Cactées et dont la variabilité est très-grande depuis les tiges ailées à deux côtes que nous avons indi-

(1) De Candolle, *Organog. végét.*, t. I, p. 327.
(2) *Essai de phytomorphie*, t. I, p. 349.

quées, jusqu'aux 15-18 côtes des *Cereus strigosus*, *polylophus*, *ferox*, *dichroacanthus*, etc., et même jusqu'aux 20-26 côtes des *Cereus senilis*, *multangularis*, *Lecchii*, etc.

Dans notre *Essai de Phytomorphie* (1), alors que nous avions moins étudié cette question, nous émettions des idées analogues, mais un peu différentes; nous avions cru devoir attribuer les ailes des axes de Cactées à des décurrences, et nous expliquions les côtes d'après les dispositions phyllotaxiques ordinaires; mais de tout ce qui précède, il résulte que notre opinion devait être modifiée, et nous n'hésitons pas à le faire en présence de la plus grande vraisemblance.

§ 4. — *Feuilles verticillées.*

Si les feuilles opposées non décussées, mais disposées par paires hélicoïdales sont capables de fournir des ailes nombreuses, et d'autant plus nombreuses, que chaque hélicule comporte plus d'éléments, il va sans dire que les feuilles verticillées seront, de même, capables de donner lieu à de semblables résultats, et peut-être même le raisonnement fait sur les feuilles verticillées serait-il plus satisfaisant pour certains esprits. En effet, en supposant des feuilles verticillées par 3 et à verticilles alternants, si les mérithalles sont relativement courts, et si les nervures foliaires coïncident bien avec les axes, nous aurons par défaut d'exastosie centripète formation de six ailes continues; c'est ce que donnerait un défaut d'exastosie centripète appliqué à l'axe et aux feuilles du *Nerium oleander*. Si l'on suppose une verticille de quatre feuilles, toujours par verticilles alternes, on aura la formation de huit côtes; on aurait dix côtes pour les verticilles alternes par 5; douze pour les verticilles par 6; quatorze, seize, etc., pour les verticilles de 7 ou 8, etc., nombre que donneraient, dans quelques cas, les feuilles et les axes des *Leptandra Virginica* et *Siberica*, etc., si l'on venait à leur supposer un défaut d'exastosie centripète.

(1) Page 472.

ARTICLE V.

De la composition organophytogénique des feuilles.

Quand on ne fait qu'étudier les feuilles dans les dicotylédones, il est rare que l'on ne soit pas conduit à ne voir dans leur constitution autre chose qu'un *pétiole* et un *limbe;* mais lorsque l'on vient à faire une étude comparée dans les monocotylédones et les dicotylédones, et cela d'une manière générale, il est difficile de ne pas voir qu'il y a un élément de plus, que, certainement, les botanistes ont bien vu, mais qu'ils ont néanmoins continué à confondre avec le pétiole. La suite de cette dissertation démontrera qu'il y a deux éléments de caractère et d'origine complétement différents là où l'on n'en a généralement vu qu'un seul, et que l'un d'eux ne saurait disparaître, dans beaucoup de cas, où l'autre au contraire peut faire complétement défaut. Examinons les faits.

1° Si nous observons la manière dont se fait le développement de certains bourgeons, par exemple ceux des *Scirpus lacustris, triqueter,* etc.; *Elæocharis ovata,* etc., on voit qu'il ne se forme que des organes appendiculaires engaînants ou *gaînes,* en très-petit nombre, du milieu desquels sort un axe qui porte les fleurs. Certains *Juncus* (*glaucus, balticus, conglomeratus*) ne paraissent aussi avoir, pour tout organe appendiculaire, que des *gaînes.*

Les prêmiers organes appendiculaires qui apparaissent dans les bourgeons des *Canna, Thalia, Arum, Richardia, Arundo,* etc., ne sont autres que des organes embrassants dépourvus des éléments que l'on retrouve plus haut sur les tiges.

2° La famille des Graminées tout entière et celle des Cypéracées, présentent, indépendamment de la gaîne dont nous venons de parler, un épanouissement des fibres en une lame foliacée très-distincte de la gaîne, et qui n'est autre que le *limbe* de la feuille, suivant l'opinion admise.

3° Mais très-souvent, indépendamment de ces deux éléments de la feuille, il s'en trouve un autre intermédiaire entre la gaîne et le limbe et qui se présente sous la forme d'une sorte de mérihalle, tantôt plus ou moins aplati, tantôt parfaitement cylindrique, quelquefois plus ou moins prismatique, bordé par des décurrences limbaires, et qui résulte de la réunion de plusieurs faisceaux fibro-vasculaires qui se sont rapprochés en un faisceau unique presque toujours recouvert de ce tissu cellulaire qui entre dans la composition du limbe. C'est ce corps que l'on désigne particulièrement sous le nom de *pétiole*.

Ainsi, contrairement à l'opinion de quelques auteurs, qui ne voient que deux éléments dans les feuilles : le pétiole et le limbe, considérant alors les gaînes comme faisant partie du pétiole, nous sommes forcé de reconnaître que les feuilles se composent de trois parties très-distinctes, savoir : la *partie vaginale*, ou *gaîne*, la partie *pétiolaire* ou *pétiole*, la partie *limbaire*, ou *limbe;* toutes les trois faciles à distinguer dans beaucoup de feuilles. Nous allons les étudier séparément dans les mono et dans les dicotylédones.

SECTION I. — FEUILLES DE MONOCOTYLÉDONES.

Dans certains végétaux monocotylédonés, la gaîne est la seule partie de la feuille qui se forme bien, comme on peut le voir dans certains *Cyperus* (*minimus*, *setaceus*, *arenarius*, *prolifer*, etc.); *Scirpus* (*palustris*, *lacustris*, *acicularis*, *capitatus*, etc.); *Elœocharis ovata*; *Juncus* (*filiformis*, *grandiflorus*, *rubens*, etc.). Par conséquent l'existence de la gaîne, comme partie distincte de la feuille, n'est déjà pas douteuse, et elle nous présente la feuille dans son plus grand état de simplicité. C'est que les premiers phytogènes périphériques n'ayant été en aucune façon protégés par d'autres organes, n'ont pas acquis tout le développement qu'ils peuvent prendre dans d'autres végétaux, où ils se répètent plusieurs fois, et où les premiers développés protégent ceux qui viennent un peu plus tard. Dans ces circonstances, les phytogènes périphériques des premiers protophytogènes vivent tous en commun pour former l'organe qui s'ouvre seulement à son sommet ou sur le côté pour laisser passer les organes qui proviendront du développement ultérieur des phytogènes centraux successifs.

Si nous suivons le développement d'un bourgeon qui se forme sur le rhizome de l'*Arundo donax*, où ce bourgeon, par sa grosseur, est facile à étudier, nous voyons d'abord se former une ou deux gaînes qui s'ouvrent un peu sur le côté pour laisser passer les parties internes qui se développent plus tard; mais, tandis que les premières gaînes paraissent uniformes, on voit que celles qui suivent sont surmontées d'un tout petit limbe de forme triangulaire; puis, à mesure que le végétal se développe, on voit successivement les gaînes fournir un limbe de plus en plus allongé, tellement, que bientôt le limbe devient la partie dominante de la feuille. Mais, quelle que soit la croissance du végétal, jamais on n'arrive à trouver autre chose que cette gaîne surmontée de ce limbe, si ce n'est une sorte de petit collier qui se développe au point de réunion de ces deux parties de la feuille, et auquel on a donné le nom de *languette*, *ligule* ou *collure*.

En observant le développement du bourgeon du *Canna nepalensis*, on voit d'abord des gaînes seulement se former; puis après, un limbe et plus haut, on commence à voir le limbe se séparer de la gaîne par une sorte d'étranglement, qui arrive bientôt à simuler un pétiole, mais un pétiole membraneux sur ses bords. Déjà il apparaît plus distinct, mais très-court dans les *Maranta arundinacea* et *bicolor*. Ce pétiole est bien plus apparent dans le *Strelitzia reginæ*, où il prend l'apparence d'un cylindre portant une rainure interne et offrant une longueur de 20 à 25 centimètres, et dans le *Thalia dealbata*, il est assez prononcé pour arriver à la forme cylindrique et séparer nettement la gaîne du limbe dans une longueur également de 20 à 25 centimètres. Enfin ce pétiole est bien plus marqué dans le *Pontederia cordata*, car avec une forme parfaitement cylindrique, surtout dans ses 3/4 supérieurs, il a quelquefois jusqu'à 50 et 55 centimètres de longueur. Ainsi le pétiole, comme les deux autres éléments de la feuille, semble constituer une troisième partie bien distincte des deux autres, et qui paraît avoir sa signification particulière. En effet, dans les dégénérescences de la feuille des monocotylédones, si la lame foliacée qu'on lui connaît est un limbe, c'est souvent le pétiole qui disparaît, alors que la gaîne persiste. Toutefois, il est quelques exceptions à cette règle, car dans le *Strelitzia juncea* le limbe disparaît, et la feuille ne se trouve plus composée que de la gaîne et d'un pétiole long, cylindrique, dressé et pointu; or, c'est à peu près celui du *Strelitzia parvifolia*, auquel s'ajoute un petit limbe que l'on trouve beaucoup plus développé dans le

Strelitzia reginæ. Pareillement, il est probable que la longue lanière sous-quadrangulaire qui surmonte la large base de la feuille d'*Agave geminiflora*, n'est autre qu'un pétiole. Il en serait de même de la longue partie cylindrique qui surmonte la gaîne de l'*Isolepis holoschœnus*, et peut-être aussi la partie filiforme continuant la gaîne du *Schœnus nigricans*, etc. Mais, nous le répétons, à moins que par des considérations que nous développerons un peu plus haut, on n'arrive à admettre que les limbes des Graminées et de beaucoup d'autres monocotylédones ne sont que des pétioles, ce n'est réellement que par exception que le limbe disparaît, tandis que le pétiole persiste, et la vaste famille des Graminées prouve au contraire que le pétiole seul disparaît, puisque presque toutes les espèces portent des feuilles qui ne sont uniquement composées que de la gaîne et du limbe; car dans les genres *Arundinaria*, *Bambusa* et *Panicum* (*latifolium*), si l'on observe entre la gaîne et le limbe un étranglement qui semble être un commencement de pétiole, il est réellement si court qu'on ne saurait le compter même comme une exception.

Dans les Cypéracées on constate aussi l'assemblage d'une gaîne non fendue et d'un limbe bien mieux confondu avec la gaîne, car on n'y trouve pas la ligne de démarcation, la *ligule*, que l'on voit chez les Graminées.

Dans les monocotylédones la gaîne est donc la partie de la feuille la plus fixe, puisqu'on la voit persister le plus souvent alors même que le pétiole et le limbe viennent à manquer complétement. Il y a néanmoins quelques exceptions rares, et nous citerons comme présentant des limbes sans gaînes les feuilles des *Trillium*, *Lilium*, *Paris*; celles de quelques *Convallaria*, de plusieurs Dioscorées, du *Disporum chilense*, etc.

Nous avons dit que quelques auteurs, d'ailleurs célèbres, avaient confondu dans une même appellation la gaîne et le pétiole; mais il suffit d'examiner le mode d'élongation des différentes parties de la feuille pour être conduit à faire une certaine distinction entre la gaîne et le pétiole.

Sans avoir connaissance d'une expérience de De Candolle (1), il y a déjà longtemps que, pour poursuivre quelques recherches

(1) *Organog. végét.*, t. I, p. 354.

sur le développement des feuilles, nous avons entrepris des expériences analogues à celles de l'illustre botaniste que nous venons de nommer. Les résultats obtenus ont été les mêmes, mais faites dans un autre but sans doute, elles nous permettent de tirer une conséquence en faveur de la distinction à faire entre le pétiole et la gaîne. Ainsi, après avoir fait des ponctuations avec des aiguilles très-fines et à des distances égales, sur la nervure médiane des gaînes, des pétioles et des limbes de très-jeunes feuilles des *Canna nepalensis*, *Arundo Donax*, *Allium cepa* et *porrum*, *Hyacinthus orientalis* et *Funkia ovata*, nous avons reconnu que ces ponctuations, pendant la croissance, gardaient sensiblement les mêmes intervalles au sommet des feuilles, tandis qu'elles s'éloignaient proportionnellement de plus en plus, à mesure que l'on descendait vers la gaîne, comme l'avait vu aussi De Candolle, sur la feuille de Jacinthe. Or, dans cette progression les pétioles des *Canna nepalensis* et *Funkia ovata* avaient complétement suivi le sort de la nervure médiane du limbe; c'est-à-dire que les distances observées sur eux étaient proportionnelles à la position plus basse qu'occupaient les ponctuations au-dessous du limbe, et en rapport avec les distances proportionnelles observées au-dessus dans la nervure limbaire. Il n'en était pas de même de la gaîne; celle-ci avait pris une croissance tout à fait isolée, et, bien que se produisant dans le même sens que le reste de la feuille, on pouvait constater que la distance des points marqués sur elle, ne continuait plus la progression que le pétiole avait si bien observée par rapport à celle que l'on trouvait sur le limbe. En effet, les deux points supérieurs marqués sur la gaîne avaient peu augmenté la distance primitive; l'intervalle du deuxième au troisième point était un peu plus grand, celui du troisième au quatrième point était plus prononcé et celui du quatrième au cinquième point plus grand encore. Comme nous n'avons pas pu faire plus de cinq ponctuations sur les gaînes, nous n'avons pas poussé plus loin ce genre d'observation, mais il est probable qu'il eût été plus concluant si l'on avait pu aller au delà, et nous nous fondons sur ce que le point le plus inférieur du limbe s'est trouvé dans l'*Allium cepa* et dans l'*Arundo Donax* excessivement élevé par rapport à la ponctuation supérieure que nous avions pratiquée en même temps sur la gaîne. En effet, la croissance de la gaîne et celle de la feuille sont si distinctes l'une de l'autre, que l'on voit la gaîne s'allonger par sa base, ainsi que le reste de la feuille, d'où il résulte que des points étant marqués à égales distances sur toute l'étendue de la gaîne et de la feuille jeune encore, au bout de quelque temps on observe que le point le plus haut de la gaîne et le point le plus bas du reste de la feuille se sont incomparablement plus séparés que tous les autres points. Ce fait montre d'une manière irrécusable l'indépendance de croissance de la gaîne et du reste de la feuille, et par conséquent l'existence particulière de la gaîne.

Ces observations, loin de conduire à confondre la gaîne et le pétiole ont évidemment plutôt pour effet de faire distinguer la gaîne du pétiole avec le limbe, et de faire considérer la nervure médiane du limbe comme le prolongement du pétiole, lequel pétiole peut varier beaucoup de longueur, de forme, et peut être regardé comme un mérithalle foliaire intermédiaire entre un premier limbe ou gaîne et un second, absolument comme les mérithalles rachidiens qui séparent les paires de folioles dans les feuilles composées.

Un des caractères essentiels de la gaîne des monocotylédones est, ainsi que l'indique son nom, d'être complétement enveloppante et une des raisons qui font qu'il en est ainsi, c'est que lorsque la gaîne est formée et pour ainsi dire moulée sur le bourgeon central, celui-ci s'allonge sans presque augmenter le diamètre de la tige qu'il forme; aussi voyons-nous cette gaîne rester entière, par défaut d'exastosie circulaire, dans les Cypéracées, les *Tradescantia*, etc., et si, dans la plupart des cas, cette gaîne est fendue par le côté, c'est que l'exastosie circulaire a été véritablement seule la cause de cette fente.

Tout le monde a remarqué que, dans les Graminées, la gaîne se distingue du limbe de la feuille par un organe particulier, auquel les botanistes ont donné le nom de *ligule*, et qui se forme sur la ligne même où se fait cette distinction. Cette ligule, dont nous essayerons de donner le mode de formation phytogénique, ne se rencontre pas dans toutes les monocotylédones, et quoique étant un des caractères particuliers à la famille des Graminées, cependant elle fait quelquefois défaut, comme on peut s'en assurer sur les feuilles des *Oplismenus crus-galli, colonus*, etc., où la ligule est remplacée par une simple zone blanchâtre. Dans les *Setaria persica, viridis, glauca, italica*, etc., cette ligule commence à apparaître sous forme de poils courts; elle est plus apparente et membraneuse dans les *Arundo Donax*, *Coix lacryma*, *Zea Maïs*, etc.; elle est plus développée encore dans le *Melica altissima*, l'*Hordeum bulbosum;* plus encore dans le *Trisetum rigidum*, l'*Andropogon Sorghum*, le *Saccharum strictum;* elle augmente encore dans le *Paspalum dilatatum* et le *Phalaris truncata*, et c'est dans le *Phalaris nodosa* ou le *Poa trivialis*, *fig.* 104, B, que, parmi les Graminées, nous lui avons vu atteindre la plus grande longueur; car il y en a qui prennent jusqu'à 3 ou 4 centimètres de hauteur.

Mais cette ligule se trouve être encore le partage d'autres végétaux monocotylédonés. Ainsi, pour nous, c'est l'analogue d'une ligule qui se trouve continuer le pétiole à la base du limbe des feuilles latéricomposées des Palmiers. Dans le *Sabal Adansonii*, elle est très-courte, elle est plus prononcée dans le *Chamærops humilis*, et plus encore dans le *Chamærops excelsa;* dans l'*Amomum grana-paradisi*, cette ligule est nettement prononcée et très-longue; elle l'est davantage dans l'*Alpinia nutans*, et bien plus encore dans les *Hedichium thyrsiforme* et *coronarium;* enfin, parmi les monocotylédones, c'est dans le *Pontederia cordata* que nous l'avons vu se développer le mieux; elle y atteint parfois jusqu'à 6 centimètres de longueur (*fig.* 104, A).

SECTION II. — FEUILLES DE DICOTYLÉDONES.

Les feuilles de dicotylédones, précisément à cause de leurs deux cotylédons, de leurs feuilles plus souvent opposées ou verticillées, d'une exastosie circulaire plus prononcée, n'ont pas aussi souvent que les monocotylédones des feuilles engaînantes. Cependant il y a encore un certain nombre de ces végétaux, où l'on trouve l'analogue de ce que nous venons de voir dans les monocotylédones.

En effet, il ne faut que jeter un coup d'œil sur les feuilles de certaines espèces d'Ombellifères, par exemple sur l'*Angelica Razulsii*, *fig.* 108, b, ou sur le *Melanoselinum decipiens*, *fig.* 108, a, pour être assuré que le pétiole est porté par une gaîne ayant la plus grande analogie avec celles des monocotylédones.

Ainsi, lorsque l'on compare la gaîne de la figure **108**, a, avec celle du *Pontederia cordata*, *fig*. 104, A, il est impossible que l'on ne saisisse pas l'analogie qui existe entre ces deux formes, et, à part la ligule, on doit reconnaître que ces deux gaînes ont bien un même mode de formation. Voici à ce sujet quelques détails plus précis.

Si nous observons la manière dont se fait le développement du bourgeon *Pæonia officinalis*, nous voyons qu'il se forme d'ordinaire six grandes écailles engaînantes qui ne présentent aucune trace ni de pétiole ni de limbe. Ici la feuille est réduite à un organe qui est tout à fait l'analogue de la gaîne de l'*Arundo Donax*, dont nous avons parlé ; après ces gaînes apparaissent les feuilles, d'abord peu composées, portées sur un pétiole bien prononcé, puis de plus en plus composées ; mais tandis que dans la Canne la gaîne persiste, malgré le développement du limbe, ici, le pétiole paraît être en grande partie dépourvu de l'élément vaginal, quoique l'on puisse le supposer encore au moyen de l'explication que nous donnerons un peu plus loin. Un certain nombre d'espèces à feuilles alternes, particulièrement de la famille des Renonculacées, etc., permettent de faire des observations analogues. On comprend aisément que ces observations ne puissent être faites que sur des espèces à feuilles *essentiellement alternes*, puisque, pour que le phénomène se produise, il faut de toute nécessité que tous les phytogènes périphériques d'un protophytogène entrent dans la composition de l'organe appendiculaire, et encore n'arrive-t-il pas toujours que l'organe soit enveloppant ; en voici la raison :

Lorsque l'exastosie circulaire se prononce d'un côté seulement des phytogènes périphériques, l'accroissement en diamètre, qui se fait vite chez les dicotylédones, oblige bientôt le gaîne à s'ouvrir, et dès lors elle cesse d'être embrassante. De plus, si elle reste sans s'accroître en largeur en proportion de l'axe qui la porte, elle doit nécessairement être caduque, ou tout au moins arriver à n'occuper qu'une petite place sur le pourtour de l'axe. Mais le plus ordinairement elle est accrescente, et pour le peu de temps que la feuille met à accomplir ses fonctions, elle grandit assez, sinon pour rester embrassante, du moins pour que sa base continue à entourer la tige.

De même que chez les monocotylédones, les dicotylédones présentent néanmoins des gaînes entières qui entourent l'axe, mais jamais elles n'ont la longueur que l'on remarque chez les premières. Ainsi, de part et d'autre, nous reconnaissons que la gaîne se présente *sans exastosie* ou *avec exastosie* sur le côté.

1° Avec exastosie, elle forme les *pétioles dilatés* plus ou moins embrassants ou ventrus de beaucoup d'Ombellifères : *Angelica*, *fig.* 108, b, *Heracleum*, etc. Quand cette gaîne s'ouvre complétement et qu'en même temps surtout elle se sépare de chaque côté du pétiole, *fig.* 108, c, alors elle forme les *stipules*, si constantes dans certaines familles de plantes dicotylédones (Rosacées, Légumineuses, etc.). Quelquefois alors ces gaînes, devenues stipules par leur séparation plus ou moins prononcée du pétiole, prennent un si grand développement, par balancement organique, que le limbe est très-réduit, ainsi qu'on peut le voir dans le *Lathyrus Aphaca*, *fig.* 52, pl. VIII, où le limbe disparaît complétement pour ne plus laisser que les nervures sous forme de vrilles. Mais, d'autres fois, ces organes diminuent de plus en plus, de façon à faire concevoir l'idée que là où ils n'existent pas, ils ont complétement avorté. Ainsi, libres dans une partie de leur étendue et assez développés encore dans le *Lathyrus pratensis*, *fig.* 108, c, ils adhèrent longuement au pétiole et diminuent de volume dans les Rosiers, *fig.* 108, d; ils se séparent encore du pétiole en réduisant de beaucoup leur volume dans le *Rubus collinus*, *fig.* 108, e; ils se réduisent à un simple filament dans le *Rubus idæus*, *fig.* 108, f, et à une simple glande dans le *Noblevillea Gestasiana*, *fig.* 108, g. Quand la gaîne se réduit ainsi, ou lorsqu'elle forme des stipules libres, on comprend que sa feuille ne soit plus embrassante, et qu'au contraire elle soit attachée à l'axe par un point très-restreint. Ainsi, non-seulement la partie vaginale de la feuille se fend dans sa longueur, mais encore souvent chaque côté de la gaîne peut, dans certains cas, se séparer du centre de la gaîne et former les organes distincts désignés sous le nom de *Stipules*. Or, ces séparations constituent un état de l'*exastosie circulaire;* mais il est des cas où l'*exastosie centripète* se produit, et alors on a une série de phénomènes d'un autre ordre, quoique voisin du premier. En effet, dans quelques Ombellifères (*Sium latifolium*, et quelquefois *Fœniculum vul-*

gare), on voit le sommet de la gaîne se détacher un peu du pétiole, de façon à rappeler la ligule des Graminées; dans le *Melianthus major, fig.* 106, A, l'*Houttuynia cordata* et le *Drosera anglica*, cette gaîne ne tient plus au pétiole que par la base; enfin, chez le *Drosera graminifolia*, etc., cette gaîne est complétement libre; c'est ce nouvel état de la gaîne, que l'on désigne ordinairement sous le nom de *Stipule axillaire.* Or, si nous comparons tous ces phénomènes à ceux qui ont lieu chez les monocotylédones, nous leur trouvons la plus complète analogie. Ainsi, dans ces dernières, la ligule plus ou moins prononcée comme dans le *Sium latifolium*, est un peu plus libre dans le *Lamarkia aurea* et complétement libre dans le *Potamogeton natans*, *fig.* 106, C. On est en conséquence obligé de reconnaître que cette nouvelle série de phénomène a pour cause principale l'exastosie centripète qui a séparé la gaîne du pétiole.

2° Enfin la comparaison peut être poussée encore plus loin entre les gaînes des mono et des dicotylédones, car si nous avons des gaînes entières, c'est-à-dire *sans exastosie circulaire,* comme dans les Cypéracées, quelques Amomées (1), quelques Commelinées (*Tradescantia, fig.* 105, A), etc., nous en trouvons également dans les Polygonées (*Polygonum orientale*, *fig.* 105, C), ou dans les Platanées (*Platanus cuneata*, *fig.* 105, B); mais on remarque que tandis que chez les monocotylédones il y a défaut d'exastosie centripète entre le pétiole et la gaîne non fendue, au contraire, dans les dicotylédones cette propriété est à peu près constante; il en résulte que l'exsertion du limbe de la feuille se fait au sommet de la gaîne, *fig.* 105, A, chez les premières; tandis qu'elle se fait à la base dans les dicotylédones, *fig.* 105, B, C. On est convenu de donner le nom d'*Ochrea* à celle des Polygonées et comme celle des *Platanus* est tout à fait de même forme et de même nature, le même nom doit leur être appliqué. Ajoutons que si l'on supposait une exastosie centripète entre le pétiole et la gaîne des *Tradescantia*, *fig.* 105, A, ou un défaut d'exastosie circulaire dans la gaîne du *Potamogeton natans*, *fig.* 106, C, on aurait une gaîne de même nature qui au lieu d'être une *gaîne* dans le premier cas, ou une *stipule axillaire* dans le

(1) De Candolle, *Organog. végét.*, pl. 26, a, b.

second, serait un *Ochrea;* enfin, supposons à la fois un défaut d'exastosie *circulaire* entre les bords des stipules, et un excès d'exastosie *centripète* entre le pétiole et la gaîne des *Rosa*, on aura encore un Ochrea au lieu de deux stipules latérales. Dans quelques espèces la gaîne se détache de chaque côté du pétiole et forme une véritable *stipule oppositifoliée;* comme on peut en voir dans les Ricins. Si l'on suppose un défaut d'exastosie circulaire entre les deux bords libres de la stipule et un défaut d'exastosie centripète entre la base de la stipule et du pétiole, on aura encore reformé un véritable ochrea.

Tous ces exemples sont une preuve de la multiplicité de formes que peut prendre le même organe sous l'influence variée des exastosies centripète et circulaire.

Jusqu'à présent nous ne nous sommes occupé que de la feuille dite alterne, parce qu'en réalité il n'y a que celles-là qui soient dans les conditions les plus propres à la formation des gaînes véritablement embrassantes, au moins à la base; car tous les phytogènes périphériques entrent dans la constitution de la feuille. Toutefois, il y a un grand nombre de feuilles alternes qui, provenant de la *diastasie*, ou éloignement des feuilles opposées, n'en présentent pas moins des stipules à leur base, ainsi qu'on en voit chez les Légumineuses, les Rosacées, etc., mais jamais elles ne sont réellement embrassantes; de sorte que l'on peut assurer que les feuilles de dicotylédones véritablement engaînantes sont les seules qui soient originellement alternes, puisque alors, tous les phytogènes périphériques entrent dans leur constitution. C'est peut-être dans le cas seul d'*alternance par diastasie* qu'il conviendrait de conserver le nom si usité de stipules. Ainsi, pour être plus clair, la stipule ne serait autre dans les feuilles *alternes par déplacement* qu'une fraction de la gaîne d'une autre feuille *phytogéniquement alterne*. Mais, pour bien comprendre cette distinction, en apparence subtile, il faut de toute nécessité donner la théorie phytogénique de la formation des feuilles.

SECTION III. — PHYTOGÉNIE DES ÉLÉMENTS DE LA FEUILLE.

Au point de vue phytogénique, la gaîne et les stipules ont certainement la même origine, si bien qu'après avoir fait comprendre comment, phytogéniquement, ces corps se forment, on sera tenté de les faire rentrer tous dans une même division.

Mais, pour bien comprendre la formation de ces organes, il faut entrer dans des détails phytogéniques plus approfondis, indispensables à l'intelligence des faits.

Nous avons dit que les organes appendiculaires étaient formés par les phytogènes simples qui entourent un phytogène central, dans un protophytogène (1). Mais alors, pour simplifier les explications nous avons dû nous borner à supposer douze phytogènes en entourant un treizième, et nous avons dit qu'ils étaient disposés ainsi qu'il suit : trois inférieures, i, qui entrent dans la composition des mérithalles; six circulaires, c, et trois supérieures, s, placées sur les six circulaires assemblés par couples (2). Maintenant qu'il s'agit de chercher une explication rationnelle aux trois ordres d'éléments foliaires reconnus, il est bon de faire observer que nous avons supposé la division originelle se faisant sur un phytogène initial, et encore sphérique; mais tout le monde sait bien qu'un bourgeon sphérique à sa naissance ne tarde pas à s'allonger en forme de cône, et par conséquent, le phytogène composé ou protophytogène n'est plus seulement formé de douze phytogènes en entourant un treizième, car la petite masse cellulaire qui surmonte le protophytogène devient elle-même un phytogène, qui, selon les circonstances, pourra se développer en donnant lieu à un phénomène que nous aurons soin de faire connaître avec quelques détails.

Ainsi, commençons par bien nous figurer la position des phytogènes simples dans un protophytogène. Si nous sommes bien parvenu à expliquer cette position par la *fig.* 81 *bis*, pl. XII (*Phytomorphie*, t. I), on doit reconnaître que les trois phytogènes supérieurs sont précisément posés sur les six circulaires et le

(1) *Essai de Phytomorphie*, pl. VII, *fig.* 27, 28, 29.
(2) *Ibid.*, pl. XII, *fig.* 81 *bis*.

central au milieu de trois phytogènes contigus et aux endroits indiqués par des points, *fig.* 100, A, placés dans les méats interphytogéniques. Mais, on voit très-bien que dans cette disposition de six phytogènes entourant circulairement un septième (*fig.* 100, A), il y a place pour trois phytogènes supérieurs qui se trouvent dans un même plan horizontal, et qui font entre eux l'effet des trois phytogènes contigus dont nous venons de parler, si bien qu'ils affectent la position représentée en a, *fig.* 100, et comme il y a place pour poser un autre phytogène d'égales dimensions à cheval, pour ainsi dire, sur ces trois phytogènes supérieurs, c'est cet autre phytogène qui prendra naissance pendant la composition de la petite masse ovoïde ou conique de tissu cellulaire passant à l'état de protophytogène. De telle sorte, qu'abstraction faite des trois phytogènes inférieurs, nous avons en profil la disposition en forme de cône des phytogènes superposés que nous avons représentée, *fig.* 100, b. Cette disposition, toute hypothétique qu'elle paraisse, au premier abord, va pourtant si bien expliquer les phénomènes observables à la simple vue qu'elle deviendra une sorte de vérité démontrée par le raisonnement seul.

En effet, remarquons que ces trois séries superposées de phytogènes sont dans des conditions différentes, savoir : 1° six circulaires, g, enveloppant le phytogène central dans tout son pourtour, et d'ailleurs placés au-dessous des autres phytogènes; 2° trois intermédiaires, p, qui ne sont plus enveloppants, et 3° un seul terminant le cône, l, qui, peu gêné dans son évolution, mais aussi moins protégé, pourra, selon les circonstances, prendre un développement particulier, ou bien se dessécher, s'atrophier, ou complétement avorter.

1° Ceci posé, on peut aisément concevoir que tout ce système vivant en commun puisse, en se fendant sur un seul côté, donner lieu à une lame enveloppante qui ne sera autre qu'une gaîne, et cela devra arriver, surtout aux organes appendiculaires des premiers protophytogènes. Ces organes n'ayant reçu encore ni une nourriture suffisante, ni aucune protection de la part d'organes déjà formés, ont été exposés aux influences extérieures peu favorables, dans bien des cas, au développement plus parfait que ces mêmes organes, mieux protégés ou mieux nourris, peuvent prendre. Voilà pourquoi, l'organe ne se répétant pas, on ne trouvera qu'une seule gaîne dépourvue d'un pétiole et d'un limbe.

2° Mais si, mieux nourris et suffisamment protégés, les trois séries superposées de phytogènes viennent à se développer d'une manière normale, alors les phytogènes circulaires, g, les premiers qui se développeront, croîtront en produisant souvent une lame circulaire enveloppante qui ne sera autre que la gaîne et qui pourra se fendre longuement sur le côté où ne se fendre que juste ce qu'il faut pour laisser passer le nouveau bourgeon résultant de l'accroissement du phytogène central. Dans ce cas, les deux séries de phytogènes p, l, *fig.* 100, b, sont repoussées sur le côté, et leur croissance commence à se faire d'une manière indépendante de la gaîne ; c'est ce que l'on peut très-bien voir quand on observe le développement des gaînes et des feuilles de l'Oignon ordinaire (*Allium cepa*). De même que nous avons vu les trois séries concourir à la formation d'un seul élément, la gaîne, de même il peut arriver que les deux autres entrent ensemble dans la composition, soit du pétiole, soit du limbe de la feuille, et c'est très-probablement ce qui arrive dans les Graminées, les Cypéracées, etc., dont la forme plane sera expliquée un peu plus haut. Est-il nécessaire de dire que les productions latérales des séries, p, l, *fig.* 100, b, sont souvent telles, que la partie qui leur correspond dans la feuille prend des dimensions énormes relativement à la gaîne? Enfin il est évident qu'il y a une sorte d'exastosie transversale qui sépare la série circulaire, g, des deux autres séries, p, l, puisque dans les *Arundinaria falcata*, *Bambusa nigra*, *Paspalum dilatatum*, par exemple, le limbe se distingue de la gaîne par un étranglement très-prononcé qui ferait croire à un court pétiole.

3° Dans un grand nombre de circonstances, les séries, p et l, peuvent, quoique vivant en commun, affecter des formes si différentes, que l'on serait tenté de croire que les éléments qui les composent sont très-dissemblables. Cependant, l'explication de ce fait nous semble des plus faciles à donner. Les 3 phytogènes, p, *fig.* 100, b, en vivant ensemble, peuvent s'allonger plus ou moins et donner lieu à une sorte d'axe prismatique ou cylindrique formant le *pétiole*, au haut duquel pourra se développer librement le phytogène ultime, l. Dans ce cas, ce phytogène passe à l'état de protophytogène, c'est-à-dire qu'il se compose, de telle façon que bientôt chacun de ses phytogènes secondaires devient le centre d'un élément foliaire qui se traduit par une nervure bordée de tissu cellulaire dont l'ensemble constitue un limbe simple, si toutes les nervures sont unies par du tissu cellulaire, ou un limbe composé, si les nervures principales deviennent le centre d'un élément séparé de ce limbe.

Toutefois, il ne faut pas croire que cette composition se fasse à la manière du protophytogène d'un bourgeon. Dans notre opinion, la composition ne se ferait jamais que dans un seul plan, mais ce plan pourrait être compris dans le sens du pétiole ou bien lui être perpendiculaire. La première hypothèse expliquerait les limbes développés dans le même plan que le pétiole ; la seconde, la disposition des limbes *peltés*. Entre ces deux extrêmes on trouverait toutes les positions intermédiaires possibles, et peut-être des études plus avancées dans ce sens conduiraient-elles à l'explication phytogénique de toutes les feuilles plus ou moins composées. Quoi qu'il en soit, nous croyons que, pour la plupart des dicotylédones, c'est la partie, l, qui prend la plus grande part à la formation des limbes, et c'est aussi elle qui se montre dans les *recherches organogéniques sous la forme d'un mamelon duquel* sortent tous les autres éléments de la feuille ; dans ce cas encore, *la série* g, *fig. 100*, b, ou une partie de cette série concourt à la formation des stipules, tandis que la série, p, ou une partie seulement, servirait à la formation du pétiole, et tandis que dans quelques cas, la partie, g, formerait des stipules très-développées, très-souvent celles-ci avorteraient si bien, que la feuille ne serait plus attachée à l'axe que par un point très-restreint (p. 136).

Mais l'ensemble des séries g, p, l, même après la séparation qui doit, plus tard, faire les feuilles opposées des dicotylédones, se comporte souvent absolument comme dans les monocotylédones, et il suffit d'observer ce qui se passe dans le développement d'un bourgeon d'espèces à feuilles opposées, pour être convaincu de cette vérité. Si, en effet, nous choisissons pour exemple le développement du phytogène qui doit constituer le bourgeon de l'*Æsculus hippocastanum*, voici ce que nous observerons. D'abord on constatera l'existence d'une petite masse sphérique de tissu cellulaire; puis cette petite sphère s'allongera en cône, et cependant on n'observera encore rien de distinct dans sa constitution. Un peu plus tard, une fente se prononcera au sommet, puis descendra en coupant le petit bourgeon en deux parties égales; ce seront deux premières écailles enveloppantes; le phytogène ou bourgeon central se fendra de nouveau comme le premier phytogène, mais dans une direction perpendiculaire à la première division, et donnera lieu à deux nouvelles écailles; puis le phytogène central se divisera encore, de la même façon, en observant la loi d'alternance, d'où deux nouvelles écailles; enfin le quatrième phytogène se fendra encore de la même manière pour former deux autres écailles. Or, ces quatre formations donnent lieu à des écailles engaînantes dont chaque paire opposée semble représenter la gaîne pure et simple des monocotylédones; elles ne présentent, en effet, aucun vestige du pétiole ou du limbe que nous allons retrouver dans les formations suivantes. A partir de ces quatre séries d'écailles opposées, on voit s'en former d'autres d'après le même système de formation; mais celles-ci commencent à présenter à leur sommet quelques traces du limbe de la feuille accusées par de petites lanières disposées latéralement. Ce limbe se prononce davantage dans la formation suivante; *mais en même temps, par balancement organique*, la partie engaînante diminue proportionnellement de largeur, tellement, que dès *la troisième formation où, en général, le limbe est* bien formé, la gaîne a complétement fait place au pétiole. Il est donc logique de supposer que ces prétendues gaînes ne sont autres que des pétioles, et, en effet, on les voit si bien se transformer les uns dans les autres, que l'on ne peut guère s'empêcher de reconnaître que ces feuilles ne sont formées que de deux parties : le pétiole et le limbe; mais le pétiole faisant l'office de gaîne au moment où le bourgeon commence à se former, conserve souvent, plus tard, à son extrême base, une partie élargie qui est l'indice de la transformation. Quelquefois cet indice se conserve même à la base des pétioles les mieux *exastosiés*, ainsi qu'on peut s'en assurer sur les feuilles composées des *Aralia*, dont les éléments ainsi que les mérithalles foliaires sont tous articulés.

De semblables observations peuvent être faites sur le développement des autres bourgeons, que ces bourgeons donnent des feuilles opposées ou des feuilles alternes, pourvu que ces feuilles ne soient pas *phytogéniquement alternes* (p. 138), comme c'est le cas des Ombellifères, ou bien encore que ces feuilles ne présentent pas des stipules à leur base.

Cependant il se pourrait que beaucoup de limbes de feuilles ne dussent être considérés que comme des pétioles; car les deux séries p et l, *fig.* 100, b, pourraient, en vivant en commun, ne produire qu'un seul élément : le pétiole. Pour concevoir ce fait, il suffit de voir ce qui arriverait dans le cas où les 3 phytogènes, p, *fig.* 100, b, surmontés du phytogène, l, arriveraient à croître en commun sans changer la forme dominante de l'ensemble. Or, cette forme est donnée par la simple disposition en triangle, *fig.* 100, a, des 3 phytogènes, p, *fig.* 100, b; par conséquent, si aucune autre génération ne vient s'ajouter à cette forme pendant la croissance du pétiole, il est de toute évidence que ce pétiole devra conserver sa forme triangulaire. Mais les feuilles du ***Butomus umbellatus***, du ***Triglochin Barrelieri***, de l'***Asphodeline lutea***, de l'***Eriophorum gracile***, de plusieurs ***Aloe***, etc., ont une forme manifestement triangulaire : donc, il n'est pas déraisonnable de penser que la feuille totale de ces espèces pourrait bien n'être formée que d'une gaîne et d'un pétiole. Il y a plus, si l'on suppose que pendant l'évolution du pétiole le tissu cellulaire ou tout autre élément de ce pétiole vient à être assez abondant pour en arrondir les angles, on aura une forme cylindrique, et dans ce cas les feuilles du ***Strelitzia juncea***, celles plus ou moins cylindriques de plusieurs ***Juncus***, devront aussi être considérées comme formées uniquement d'une gaîne et d'un pétiole.

Mais la conséquence de ce raisonnement est bien loin de s'arrêter là; car il suffit de suivre la série des feuilles suivantes pour arriver à une conclusion véritablement intéressante. En effet, dans les feuilles de forme triangulaire que nous venons de citer, nous n'avons qu'à observer que l'une des faces du triangle, ordinairement la plus plane, c'est-à-dire *la moins bombée*, est toujours en face de l'axe, ainsi qu'on peut le voir dans la section transversale de la feuille du ***Butomus umbellatus***, fig. 108, h. En examinant sous ce point de vue la feuille de l'***Eriophorum gracile***, on voit que cette feuille présente dans sa longueur un léger enfoncement qui fait face à l'axe, comme l'indique la section transversale d'une pareille feuille représentée en i, *fig.* 108. En poursuivant l'examen des feuilles dans ce sens, on trouve que cet enfoncement longitudinal est beaucoup plus prononcé dans certaines feuilles, entre autres celles du *Tritoma glauca*, dont la section transversale est figurée en k, *fig.* 108. De cette feuille à celle de l'*Hemerocallis fulva*, il n'y a presque aucune différence, si ce n'est que l'exastosie longitudinale qui a fait l'enfoncement dans les autres feuilles est bien plus prononcée que dans le *Tritoma;* aussi sa section transversale reproduite en C, *fig.* 103, laisse-t-elle voir un angle rentrant bien plus marqué. Enfin, lorsque l'exastosie est suffisamment profonde, le pétiole doit revêtir la forme d'une lame aplatie analogue à celle dont nous avons indiqué la section transversale *fig.* 103, A. De sorte que progressivement, en partant du pétiole du *Butomus umbellatus*, nous sommes arrivé au limbe de la feuille du Lis, et à plus forte raison à celui de la feuille des Graminées. Par conséquent, la déduction logique de cette analyse est que, si l'on considère les feuilles triangulaires dont nous avons parlé comme des pétioles, il est de nécessité rigoureuse de regarder les limbes des Graminées, des Cypéracées et quelques autres comme des pétioles; car, sans cela, où devrait-on s'arrêter pour distinguer le pétiole du limbe?

Il y a une considération importante, à notre point de vue, en faveur de cette manière de voir. Elle consiste en ce que, comme nous l'avons dit plusieurs fois déjà, les 3 phytogènes inférieurs de tout protophytogène concourent à la formation du *mérithalle caulinaire;* mais nous avons dit aussi que le pétiole était, pour nous, un *mérithalle foliaire*, et nous venons de reconnaître que les 3 phytogènes supérieurs entraient dans la composition du pétiole. Il est donc difficile de ne pas saisir la relation phytogénique de ces deux séries, sinon similaires, du moins analogues, formées par les 3 phytogènes inférieurs et les 3 phytogènes supérieurs d'un protophytogène, et ainsi s'explique aisément la grande analogie qui existe entre un mérithalle et un pétiole.

Puisque nous venons d'établir que ces feuilles triangulaires ou cylindriques n'étaient formées que de gaînes et de pétioles, nous devons trouver probable que les feuilles *fistuleuses* des

Allium cepa, *fistulosum*, *ascalonicum*, *vineale*, *ochroleucum*, *tenuiflorum*, etc., de l'*Asphodelus fistulosus*, etc., sont aussi des pétioles, car quelques-unes conservent encore un reste de la forme triangulaire que nous avons reconnue à la feuille du *Butomus*; telle est en particulier celle de l'*Asphodelus fistulosus*. La feuille fistuleuse peut avoir deux interprétations phytogéniques, que nous devons indiquer ici :

1° Elle peut résulter du développement en commun de tous les phytogènes périphériques qui, tous *liés intimement*, grandiraient autour du phytogène central en faisant autour de lui une sorte de chambre close de toutes parts. Mais bientôt le phytogène central se développant à son tour, presserait sur les parois intérieures de la base de la feuille enveloppante, d'ailleurs disposée à l'exastosie du côté interne, lequel étant aussi d'un tissu plus mou, laisserait facilement passer le sommet d'une seconde feuille. Il résulte de ce mode de développement que la feuille doit nécessairement être creuse, et qu'elle rentre dans les conditions phytogéniques d'une Cyclochorise (1). Dans cette hypothèse, la série de phytogènes, g, *fig.* 100, b, aurait conservé les caractères propres à la gaîne, tandis que les séries, p et l, auraient revêtu les caractères propres au pétiole ou au limbe ;

2° Dans la seconde interprétation, que nous croyons la plus rationnelle, la gaîne se formerait comme dans les autres espèces de feuilles ; puis à un moment donné les séries de phytogènes p et l, liées entre elles, se développeraient en un long pétiole creux, à la manière de la Cyclochorise triplasique de la Jacinthe, dont nous avons donné le mode de formation dans notre *Phytomorphie*, T. I, p. 314. Toutefois, nous n'oserions pas affirmer que les phytogènes de la série p et l, ne se sont pas multipliés circulairement en se dédoublant, car, par les stries longitudinales souvent assez prononcées que l'on remarque parfois sur ces feuilles, on peut, jusqu'à un certain point, admettre et connaître le nombre des phytogènes qui entrent dans leur composition ; c'est ainsi, par exemple, que dans l'*Allium pallens*, on compte 5, 6 et parfois jusqu'à 9 stries, ce qui indiquerait un dédoublement de plusieurs phytogènes.

(1) *Essai de phytomorphie*, t. I, p. 335.

Par tout ce qui précède, on est naturellement conduit à penser que si les feuilles des *Butomus*, des *Tritoma*, des *Allium*, des Graminées, etc., ne sont que des pétioles, il faut en conclure que les feuilles verticales des Iridées, des *Phormium*, *Dianella*, etc., ne sont aussi que des pétioles, et puisque, d'une part, la verticalité du limbe des Iridées conduit si bien à l'explication du phyllode en même temps qu'il en indique la nature, et que, d'un autre côté, les parties vaginales des feuilles de dicotylédones se transforment si visiblement en pétiole, il est raisonnable de penser que les phyllodes ne sont aussi réellement que des pétioles. Ainsi, comme on le voit, par une suite de déductions logiques différentes, nous arrivons à la même manière de voir que les autres botanistes.

Si l'on admettait les idées générales que nous venons d'émettre, et qui, pour quelques cas seulement, sont acceptées par plusieurs botanistes, on ferait naturellement cette distinction remarquable que, tandis que *les feuilles de monocotylédones sont très-souvent formées d'une gaine et d'un pétiole seulement;* au contraire, *les feuilles de dicotylédones seraient le plus souvent formées d'un pétiole et d'un limbe*, c'est-à-dire que dans les premières le *limbe manquerait*, dans les secondes ce serait *la gaine*. Mais hâtons-nous de dire que dans les monocotylédones (*Arum*, *Pontederia*, *Colocasia*, *Strelitzia*, etc.), comme dans les dicotylédones (Ombellifères, Polygonées, *Melianthus*, *Platanus*, etc.), les trois éléments se rencontrent souvent avec des caractères très-particuliers à chacun d'eux.

Nous avons plusieurs fois comparé le pétiole à un mérithalle, de sorte que le rachis des feuilles composées, qui en est la continuation, serait formé d'une succession de *mérithalles foliaires*. Or, cette comparaison du pétiole et du rachis avec les tiges se poursuit encore dans les tiges articulées, car on trouve pareillement des feuilles dont le pétiole et la nervure médiane qui le continue présentent de véritables articulations. Ainsi, les feuilles dites *lomentacées*, dont les Ingas ptéropodes, le *Fagara pterota*, le *Bignonia articulata*, etc., nous fournissent des exemples, sont des feuilles composées longitudinalement, et dans lesquelles on trouve deux et trois pièces articulées les unes au bout des autres, et les feuilles veritablement composées dans le système L = l des

Aralia, offrent non-seulement des articulations nombreuses sur leur rachis, mais aussi sur les nervures secondaires, tertiaires, etc. Peut-être pourrait-on rapporter à cette série de feuilles celles de plusieurs *Citrus*, du *Desmodium triquetrum*, etc., et dans ce cas, soit que l'on considère les parties foliacées comme des limbes répétés ou leur base comme des pétioles dilatés qui auraient été privés de leurs folioles, ce que nous voulons signaler, c'est cette répétition, si bien accusée par des articulations, et bien que nous ne connaissions aucune feuille normale ayant certainement deux ou trois limbes superposés, cependant, nous regardons le phénomène comme très-possible. Voici, d'ailleurs, quelques considérations qui militent en faveur de cette manière de voir :

1° Nous avons signalé plusieurs cas tératologiques dans lesquels les limbes et leur pétiole s'étaient répétés au sommet d'un pétiole : dans le Haricot, le *Tamus communis* et le *Ptelea trifoliata* (1).

2° Les plus remarquables exemples de feuilles composées présentant des mérithalles foliaires articulés, se trouvent dans les *Aralia*. Or, ce que nous avons dit de la manière dont se composent les feuilles, surtout celles de la forme $L = l$, fait voir que les éléments foliaires se répètent plusieurs fois. D'ailleurs on peut trouver sur le même *Aralia* des feuilles dont les articulations ont été plus ou moins répétées, et comme cette répétition se fait en longueur comme en largeur, nous ne voyons pas pourquoi des limbes simples ne se répéteraient pas aussi bien que des limbes composés. En supposant un développement de tissu cellulaire tel, que tous les intervalles compris entre toutes les nervures en soient remplis, nous aurions une feuille simple qui présenterait des nodosités à tous les points correspondants aux articulations. Ce serait alors, très-vraisemblablement, une feuille analogue à celle que De Candolle dit être la feuille d'un arbre inconnu de Cayenne, dont son herbier possède des branches, et où l'on observe des renflements oblongs le long de leurs nervures (2).

3° Enfin la répétition des limbes en série longitudinale serait puissamment appuyée par l'exemple des carpelles lomentacés.

(1) *Essai de phytomorphie*, t. I, pl. XIII, *fig.* 92, 93, 94.
(2) *Organog. végét.*, t. I, p. 270.

Au moyen des données que nous avons présentées, il va nous être possible, ce nous semble, de donner une idée assez exacte des différentes parties dont se composent certaines feuilles de formes très-bizarres : nous voulons parler des feuilles de *Sarracenia*, de *Dionœa muscipula* et de *Nepenthes distillatoria*.

Dans les *Sarracenia*, et particulièrement le *S. purpurea*, *fig*. 107, C, nous ne voyons réellement que deux éléments dans la feuille, savoir : un pétiole a, cyclochorisé, c'est-à-dire analogue à la feuille de l'*Allium cepa*, et surmonté d'un limbe cordiforme b.

Le *Dionœa muscipula*, B, *fig*. 107, est pareillement formé par un *pétiole dilaté*, a, différent du phyllode par son plan horizontal, et surmonté par un limbe cilié et facilement irritable, b.

Ces deux sortes de feuilles sont composées de la même façon, car si l'on suppose les bords du pétiole du *Dionœa* unis ensemble par défaut d'exastosie, on aura la feuille du *Sarracenia;* et réciproquement, si l'on conçoit le pétiole de ce dernier fendu longitudinalement, par exastosie, on aura l'analogue de la feuille du *Dionœa*. Au reste, la position de ces deux espèces parmi les dicotylédones fait rejeter l'idée d'une gaîne qui, d'ailleurs, n'aurait rien d'embrassant à sa base.

La feuille du *Nepenthes distillatoria*, *fig*. 107, A, présente quatre parties très-distinctes. En observant que le *Nepenthes* est un dicotylédone, nous excluons l'idée de gaîne, d'autant que la base de la feuille n'est évidemment pas engaînante. Donc la partie, a, est l'analogue du pétiole que nous avons vu être dilaté dans les écailles du Marronnier ; ce pétiole dilaté se continue en une sorte de vrille terminée par un limbe cyclochorisé, c. A peu près tous les auteurs ont admis que cette urne était l'analogue de celle du *Sarracenia*, et véritablement l'analogie paraît complète ; mais comme nous ne connaissons aucun exemple certain de pétiole dilaté répété, et qu'au contraire nous connaissons d'une manière assurée des limbes répétés accidentellement dans le *Tamus*, le *Phaseolus* et le *Ptelea;* comme, d'un autre côté, tous les pétioles dilatés sont sessiles et jamais portés sur de longs pétioles cylindriques ou prismatiques, et que la prétendue vrille n'est que la continuation du pétiole dilaté redevenu normal, nous sommes autorisé à croire que l'ascidie des *Nepenthes* est un limbe plutôt qu'un second pétiole dilaté. Ce limbe se répéterait avec des proportions très-réduites dans l'opercule, d, absolument comme les feuilles surnuméraires de *Phaseolus*, de *Tamus* et de *Ptelea* l'ont été dans les exemples précités.

Il ne nous reste plus maintenant, pour compléter ce travail, au point de vue où nous sommes placé, qu'à chercher la signification phytogénique de certaines gaînes qui sont restées plus ou moins séparées du pétiole; telles sont la *ligule*, l'*ochrea* et la *stipule axillaire*. Mais pour ne pas trop nous répéter, nous dirons qu'elles sont le résultat d'une chorise centripète analogue à celle qui fait les couronnes des Narcissées, et dont nous avons donné la théorie détaillée dans notre *Essai de Phytomorphie* (1). Si, en effet, on conçoit que chacun des six phytogènes circulaires de la série, g, *fig.* 100, b, se compose à la manière des phytogènes circulaires, n, s, *fig.* 52, pl. IX (*Phytomorphie*, t. I), on aura bientôt l'idée d'un dédoublement centripète, car tandis que les trois phytogènes extérieurs de chaque phytogène circulaire composé vivent en commun avec les trois extérieurs de chacun des cinq autres pour constituer le limbe ou le pétiole dilaté (si l'on veut) des Graminées; au contraire, les trois phytogènes intérieurs ponctués, n, s (*ibid.*) de chacun des six phytogènes s'unissent et vivent en commun pour faire la ligule des Graminées, qui n'est qu'un commencement de chorise centripète. Cette chorise se prononce davantage dans l'ochrea du *Polygonum amphibium* (2), où le pétiole descend à peu près au tiers de la gaîne. Dans le *Platanus cuneata*, B, et le *Polygonum orientale*, C, *fig.* 105, le pétiole émerge de la base de la gaîne quoique y adhérant encore; il en est de même de la stipule axillaire du *Melianthus major*, A, *fig.* 106, celle du *Drosera anglica*, etc. Mais dans le *Potamogeton natans*, C, le *Ficus elastica*, B, *fig.* 106, le pétiole est complétement séparé de la gaîne, devenue ainsi stipule axillaire ou oppositifoliée. Or, la gaîne étant sans adhérence avec le pétiole, supposons une exastosie circulaire du côté de la tige diamétralement opposé à celui où se trouve le pétiole, et l'on aura la stipule axillaire du *Potamogeton natans*. Si cette exastosie se prononce

(1) Pl. IX, *fig.* 52 et p. 525.
(2) Turpin, *Iconog. végét.*, tabl. 6, *fig.* 17.

du même côté que le pétiole, on aura la stipule embrassante *oppositifoliée* des Ricins, *Magnolia*, etc. On voit que, dans ces deux exemples, l'exastosie circulaire s'est produite suivant une ligne exactement contraire. Enfin si l'on admet ces deux exastosies réunies sur la même gaîne devenue stipule, on aura les deux stipules latérales et libres du *Ficus carica*. Mais comme la gaîne est essentiellement enveloppante, on comprend aisément que le pétiole entièrement séparé de sa gaîne ne soit plus uni à la tige que par une étendue relativement fort restreinte.

Cette chorise centripète se réalise d'une manière nette et indubitable non-seulement dans les pétales, mais encore dans les feuilles, ainsi que nous l'avons démontré en en donnant des exemples anormaux, p. 247, t. I (*Phytomorphie*). Mais cet état anormal semble devenir normal dans quelques espèces, et il est bon d'en dire un mot. En effet, si nous examinons les feuilles des *Berberis*, nous les voyons le plus souvent se transformer en une épine simple, qui n'est autre que la nervure médiane de la feuille, car, à l'aisselle de cette épine nous trouvons un bourgeon qui se développe parfaitement ; le plus souvent on rencontre 3 épines : une moyenne et deux latérales, qui ne sont évidemment que les deux nervures secondaires latérales de la feuille, puisque lorsque la feuille revêt ses caractères ordinaires on ne trouve plus d'épines ; quelquefois on en rencontre cinq, comme dans le *Berberis cretica*, lesquelles sont disposées latéralement à la manière des nervures de feuilles latéricomposées, conduisant de cette façon aux cinq épines de génération latérale qui se forment normalement dans le *Berberis actinacantha*. Or, si nous comparons ces épines à celles que nous voyons dans les *Ribes* spinescents, tels que les *Ribes lacustre*, *niveum*, *grossularia*, *uva-crispa*, *divaricatum*, *speciosum*, etc, nous leur trouvons une composition très-analogue. Prises pour des stipules par quelques auteurs, Turpin a cru devoir les regarder comme de simples expansions, sortes d'exostoses qui, par leur situation, ne peuvent être ni des feuilles, ni des stipules, mais seulement des parties proéminentes et dépendantes des *nœuds-vitaux* (1). C'est qu'alors Dunal et Moquin-Tandon n'avaient pas encore fait connaître

(1) *Iconog. végét.*, p. 84.

leurs importants travaux sur les dédoublements; c'est pourquoi, aujourd'hui que ces travaux nous sont connus, nous ne saurions partager la manière de voir de l'illustre académicien que nous venons de citer par les raisons suivantes : d'abord, les chorises centripètes sont une vérité acquise pour la botanique; ensuite, la plus grande analogie se reconnaît dans les formations des épines des *Berberis* et des *Ribes;* puis les épines *subfoliaires* des *Ribes* sont très-différentes de formes et de position avec celles que l'on trouve sur les mérithalles de certaines espèces (*Ribes oxyacanthoides.* L.); enfin la composition des feuilles est comme celle des épines, tellement que les épines latéricomposées correspondent exactement avec les nervures des feuilles latéricomposées qui sont placées au-dessus, et les épines latérales sont d'ailleurs si visiblement de génération latérale, qu'on les voit décroître absolument comme les nervures des feuilles de génération latérale. Pour toutes ces raisons, nous regardons les épines subfoliaires des *Ribes* comme le résultat d'un dédoublement des phytogènes circulaires analogue aux chorises centripètes dont nous avons parlé, et la composition des phytogènes circulaires, dans cette circonstance, nous paraît de nature à expliquer ce phénomène.

Pour compléter ces idées phytogéniques concernant les feuilles, ajoutons que le phytogène, l, *fig.* 100, b, qui, dans notre opinion, doit constituer le limbe, ne peut le faire qu'autant qu'il a subi une composition particulière, analogue à celle d'un phytogène, différente en cela, néanmoins, qu'au lieu d'une composition *sphérique,* la composition est seulement *circulaire.* Il en résulte des formes très-distinctes, selon la manière dont le plan circulaire se produit par rapport au pétiole : 1° si le plan est parallèle au pétiole, nous aurons une feuille ordinaire dont la composition est facile à concevoir d'après tout ce que nous avons dit; 2° si au contraire le plan est perpendiculaire, il en résultera une feuille peltée, ainsi que nous l'avons déjà avancé p. 142. Or, la conséquence de ces deux dispositions, c'est que dans le premier cas, les éléments foliaires ne se font que les uns après les autres; tandis que dans le cas spécial des feuilles *exactement peltées,* le limbe étant *parfaitement perpendiculaire,* on comprend qu'il n'y a absolument aucune raison pour que les éléments foliaires ne se fassent pas simultanément, et s'ils se font simultanément, il n'y a pas plus de raison pour qu'ils ne soient pas de même grandeur. Ainsi se justifie la deuxième loi de composition des feuilles de notre quatrième système = L < l. Si l'on voulait avoir la raison exacte des différences que peut apporter l'inclinaison du limbe sur le pétiole, il suffirait de se reporter à l'organogénie des sépales et de la couronne des Narcisses telle que nous l'avons indiquée dans notre *Phytomorphie*, t. I, pl. XIII, *fig.* 97 *bis*, où nous représentons le développement successif de chaque phytogène composé à la manière d'un protophytogène, mais suivant un plan, et p. 531 et 642, où nous donnons les détails de ce développement; car la marche des choses est complétement la même pour les deux ordres de faits, et l'on acquerra ainsi la certitude que les lois que nous avons posées sont bien celles qui régissent la formation des feuilles simples et composées de notre quatrième système = L < l. D'ailleurs tous ces phénomènes appartiennent, comme on le voit, au *sytème de génération latérale*.

Enfin, si l'on se reporte à notre figure 95, pl. XIII, et à la p. 474, t. I (*Phytomorphie*), on verra que nous y avons donné la description phytogénique de la formation des feuilles composées du *système de génération longitudinale*, d'après les idées les plus probables. Cependant, il se pourrait que dans le plan de la feuille, *fig.* 95, le protophytogène, composé suivant un plan, ne fût pas exactement posé comme nous l'indiquons, et qu'au lieu de l'être de façon à ce que les deux phytogènes supérieurs fussent horizontaux, ce qui nécessite, pour l'explication, le passage du phytogène central C, au sommet du protophytogène en C' (ce que l'on peut nier), il devrait être posé comme nous l'indiquons *fig.* 97 *bis* (même planche); alors ce serait le phytogène 1, d, formant le mamelon 1, b, c, qui deviendrait un protophytogène, composé suivant un plan, et qui donnerait les éléments foliaires a' b', a'' b'', a''' b''', de la *fig.* 95. On comprend aisément qu'il puisse y avoir dissidence d'opinion entre ces deux manières de voir, mais il se pourrait aussi que les deux phénomènes se produisissent, et que ce fût à eux que l'on doit les différences si tranchées que l'on observe, par exemple, entre les feuilles composées du Sureau ou du Jasmin, et celles du Rosier ou du *Robinia*. Dans tous les cas, nous touchons à la partie la plus délicate et la plus difficile à résoudre de la phytogénie, et ce n'est que lorsque l'étude de l'évolution des feuilles sera plus avancée au point de vue des idées que nous émettons, que l'on arrivera à pouvoir dire avec précision la position que doit avoir, par rapport au pétiole, le protophytogène plan qui doit former le limbe.

FIN.

TABLE DES MATIÈRES

FIN DE LA TABLE.

Paris. — Typ. de Pillet fils aîné, rue des Grands-Augustins, 5.

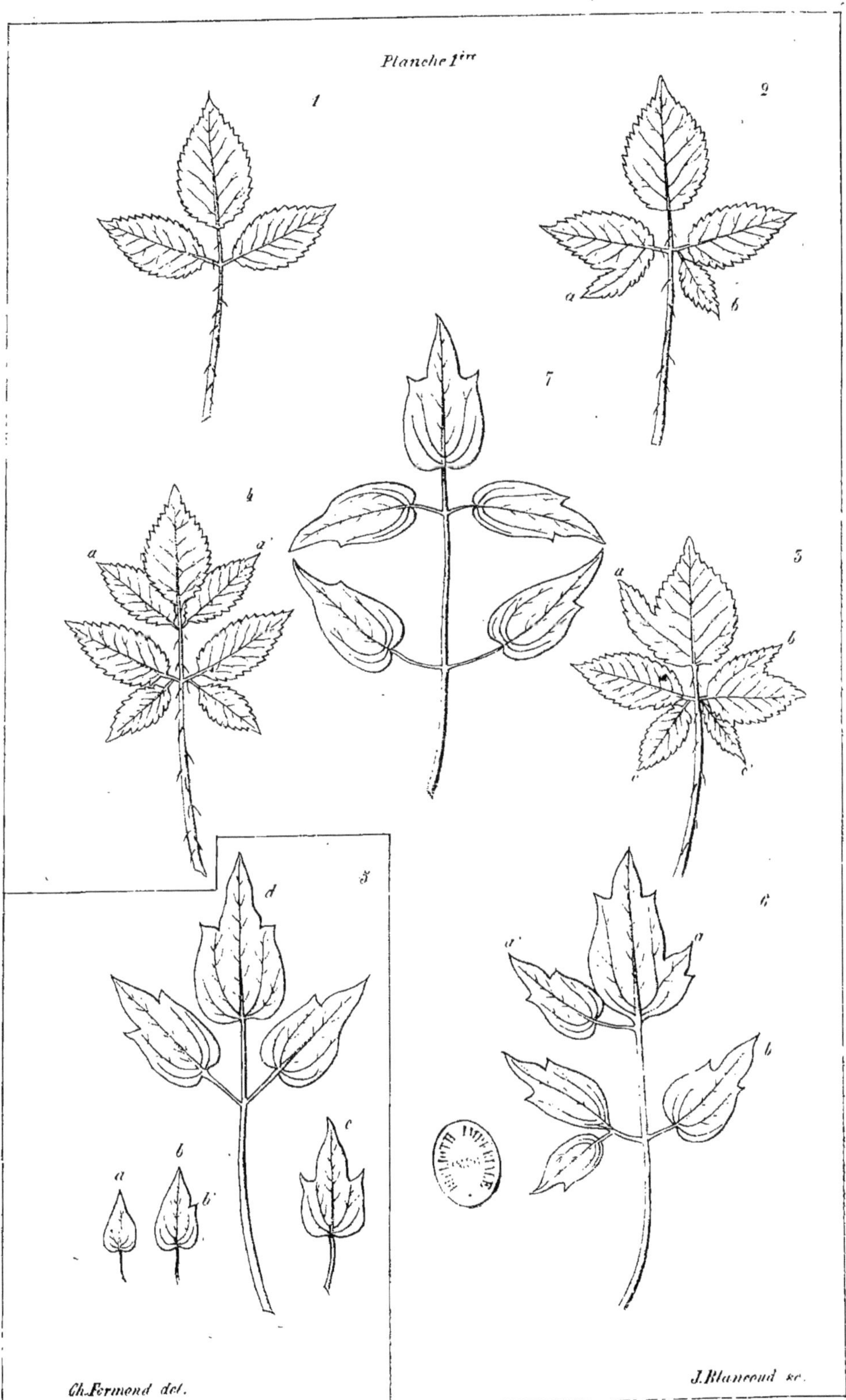
Planche 1re
1
2
a
b
7
4
a
a
3
a
b
c
c
5
d
6
a
a
b
a
b
b
c
Ch. Fermond del.
J. Blancoud sc.

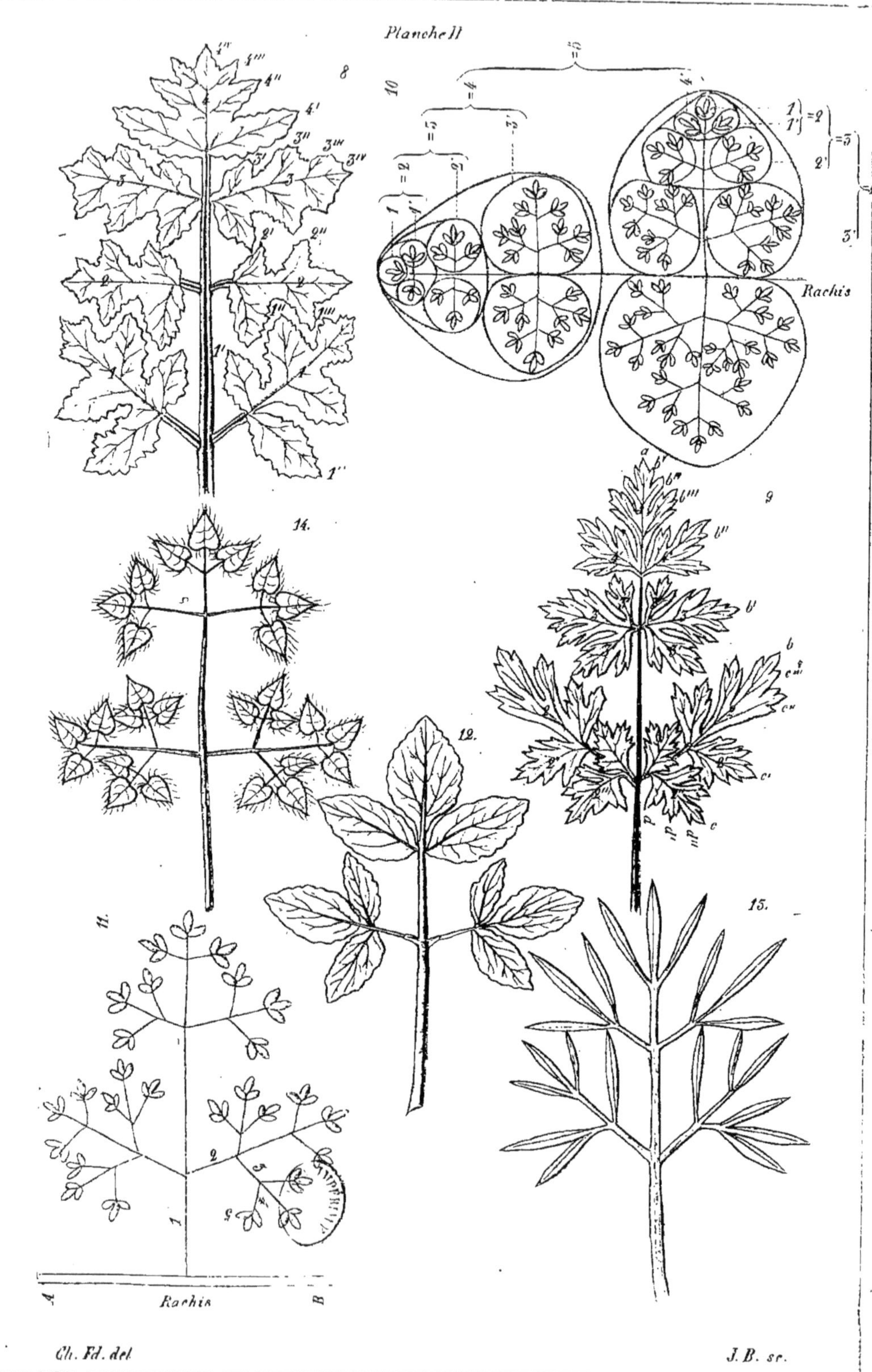
Planche II
8
10
14.
9
12.
11.
15.
Rachis
Rachis
A
B
Ch. Fd. del
J. B. sc.

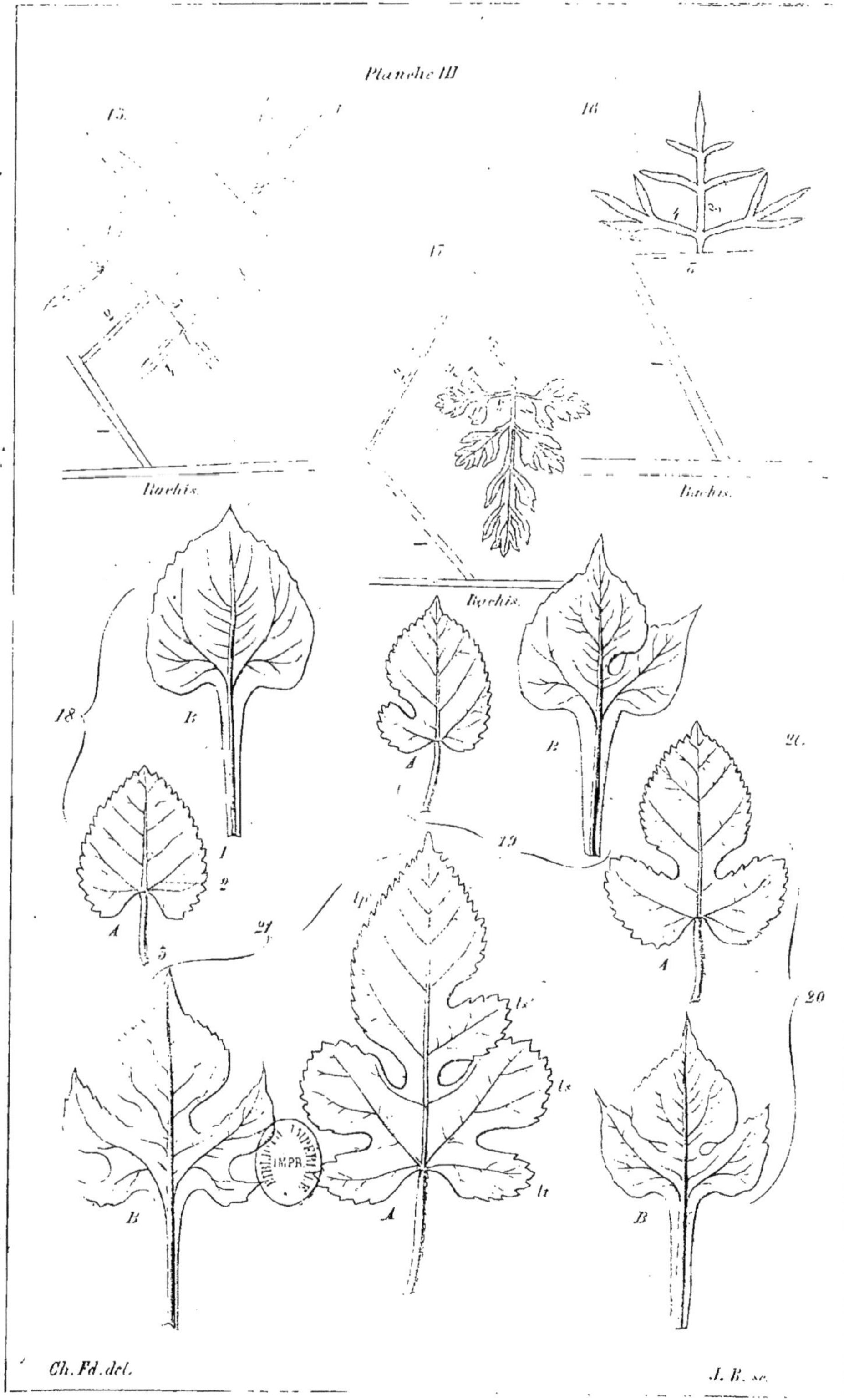
Planche III
15.
16.
17.
Rachis.
Rachis.
Rachis.
18.
19.
20.
21.
20
A
B
Ch. Fd. del.
J. B. sc.

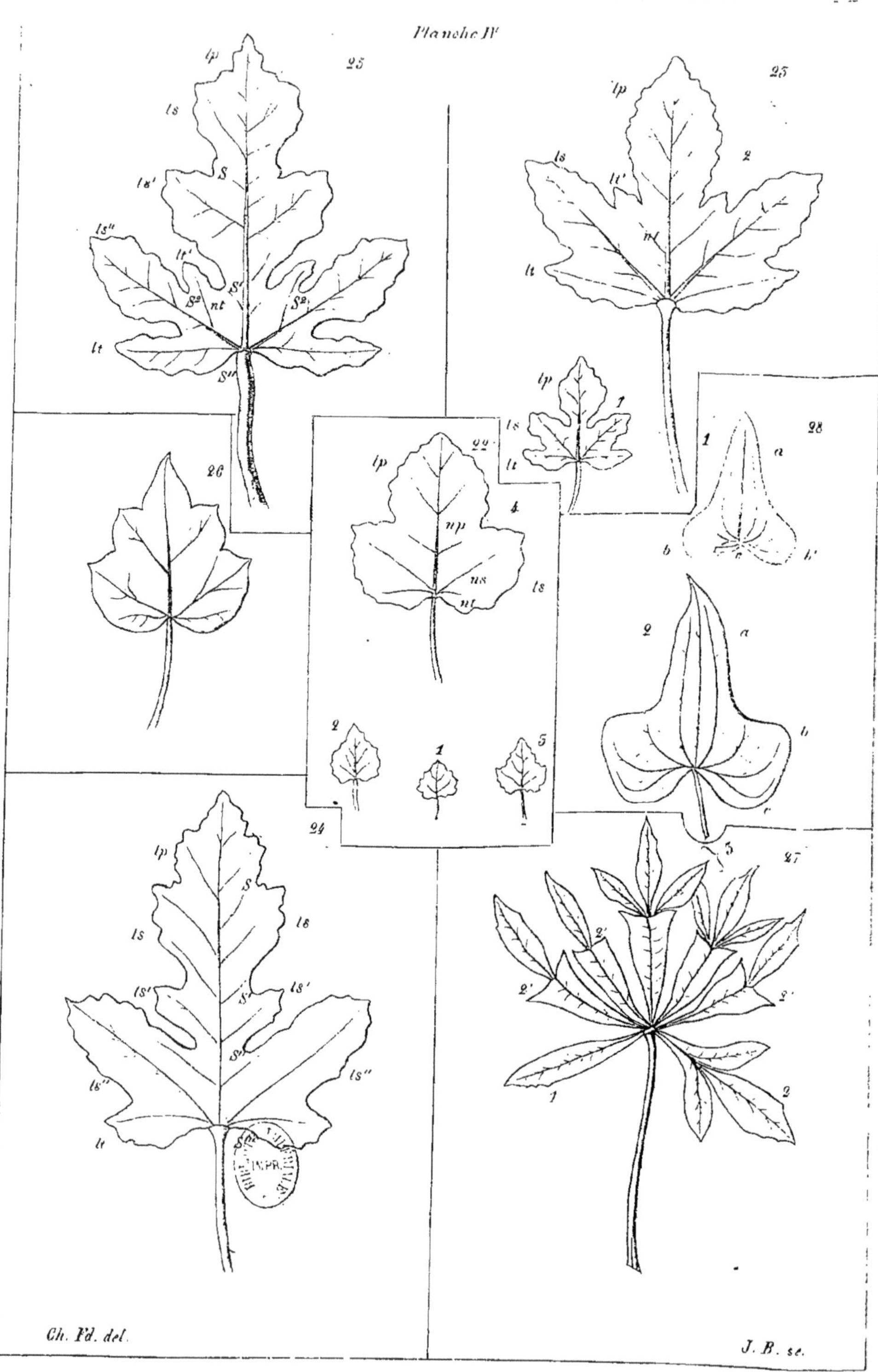
Planche IV
23
25
22
26
28
24
27
Ch. Fd. del.
J. B. sc.

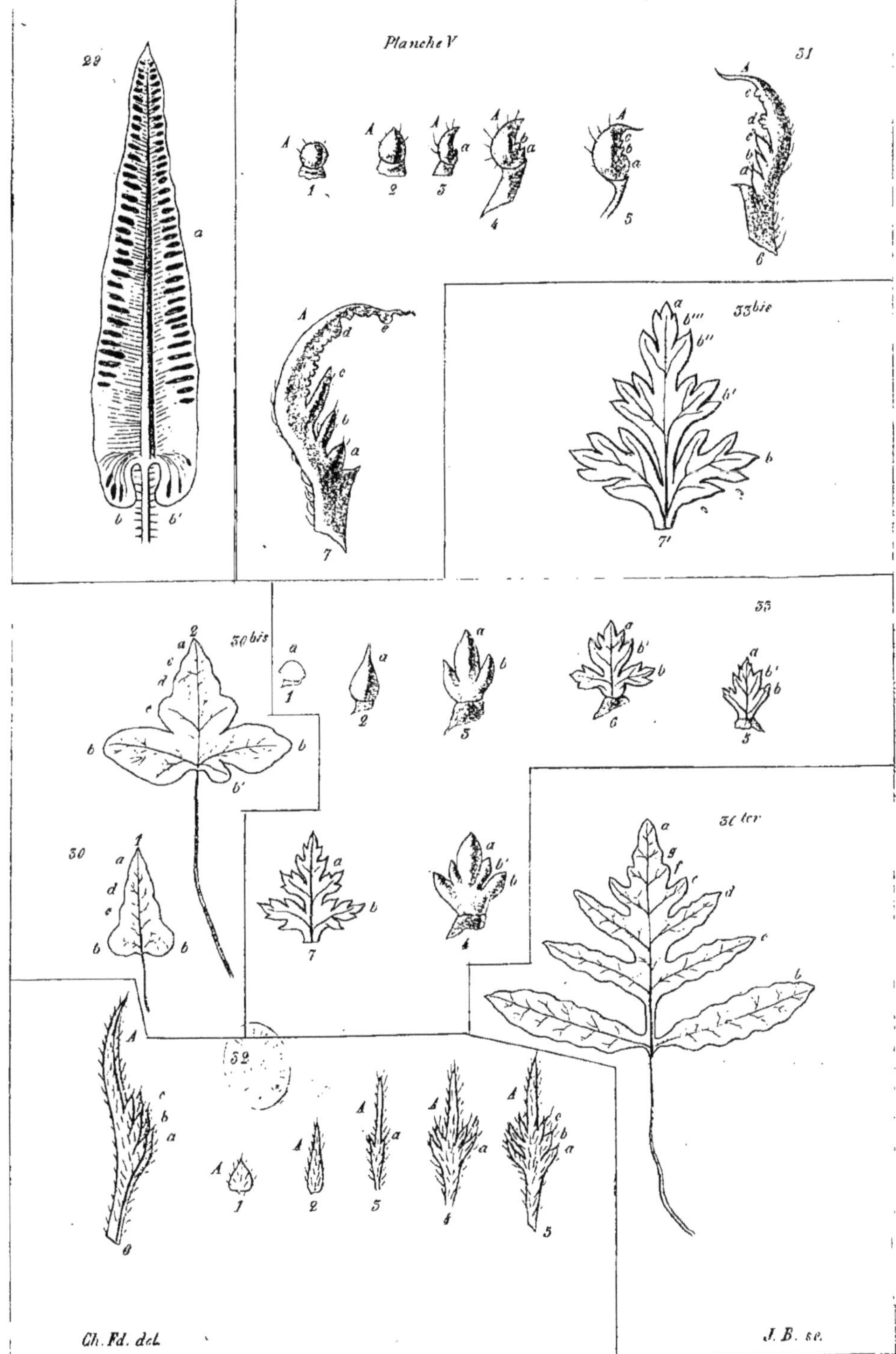

Planche V
Ch. Fd. del.
J. B. sc.

Planche VI
36
35
34
1
2
c
a
b
39
38
37
3
1
2
a
b
c
42
1
2
3
4
41
a
b
40
1'
2'
2
3
4
5
6
Ch. Fd. del.
J.B. sc.

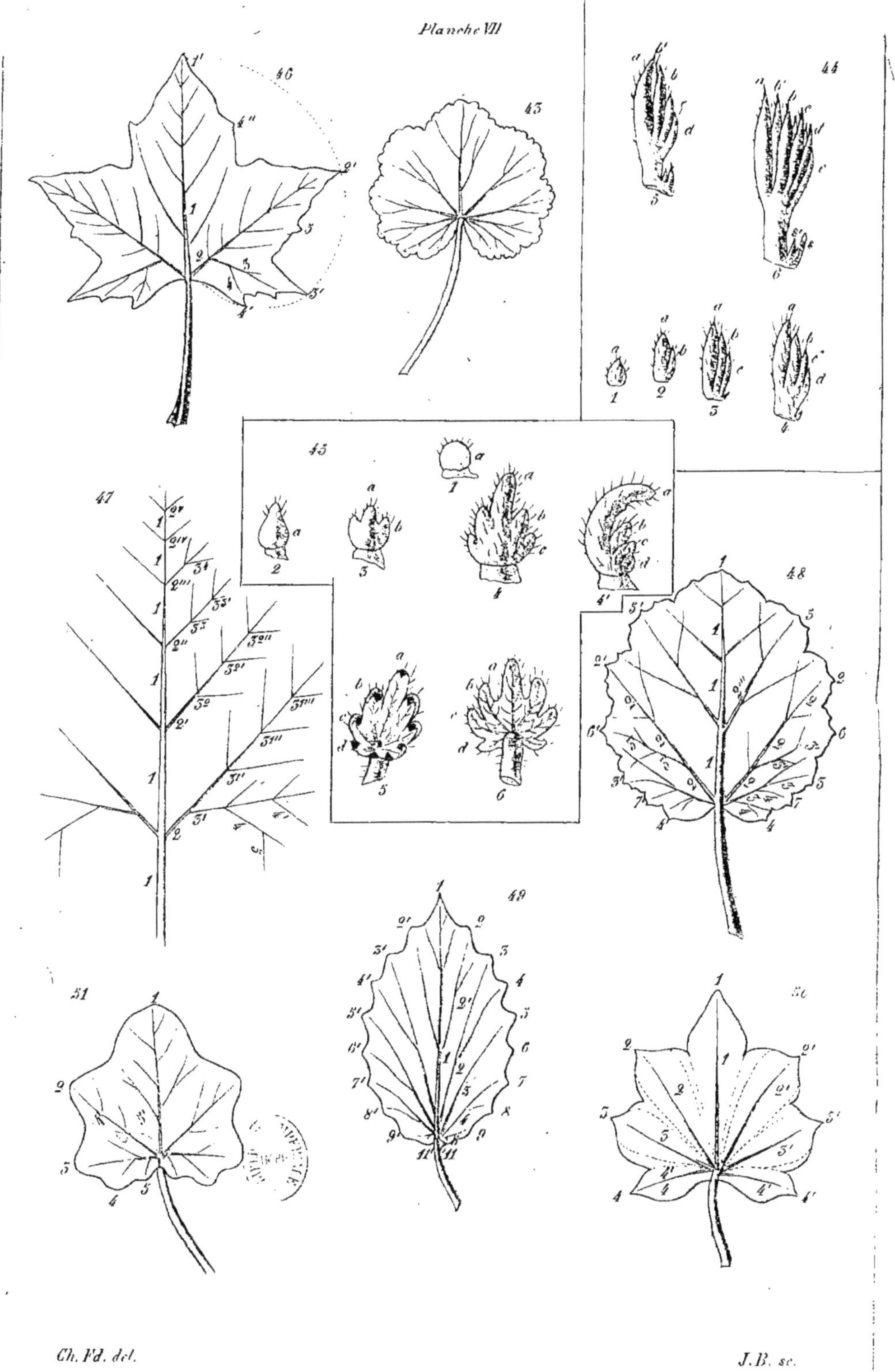
Planche VII
46
43
44
45
47
48
49
51
50
Ch. Fd. del.
J.B. sc.

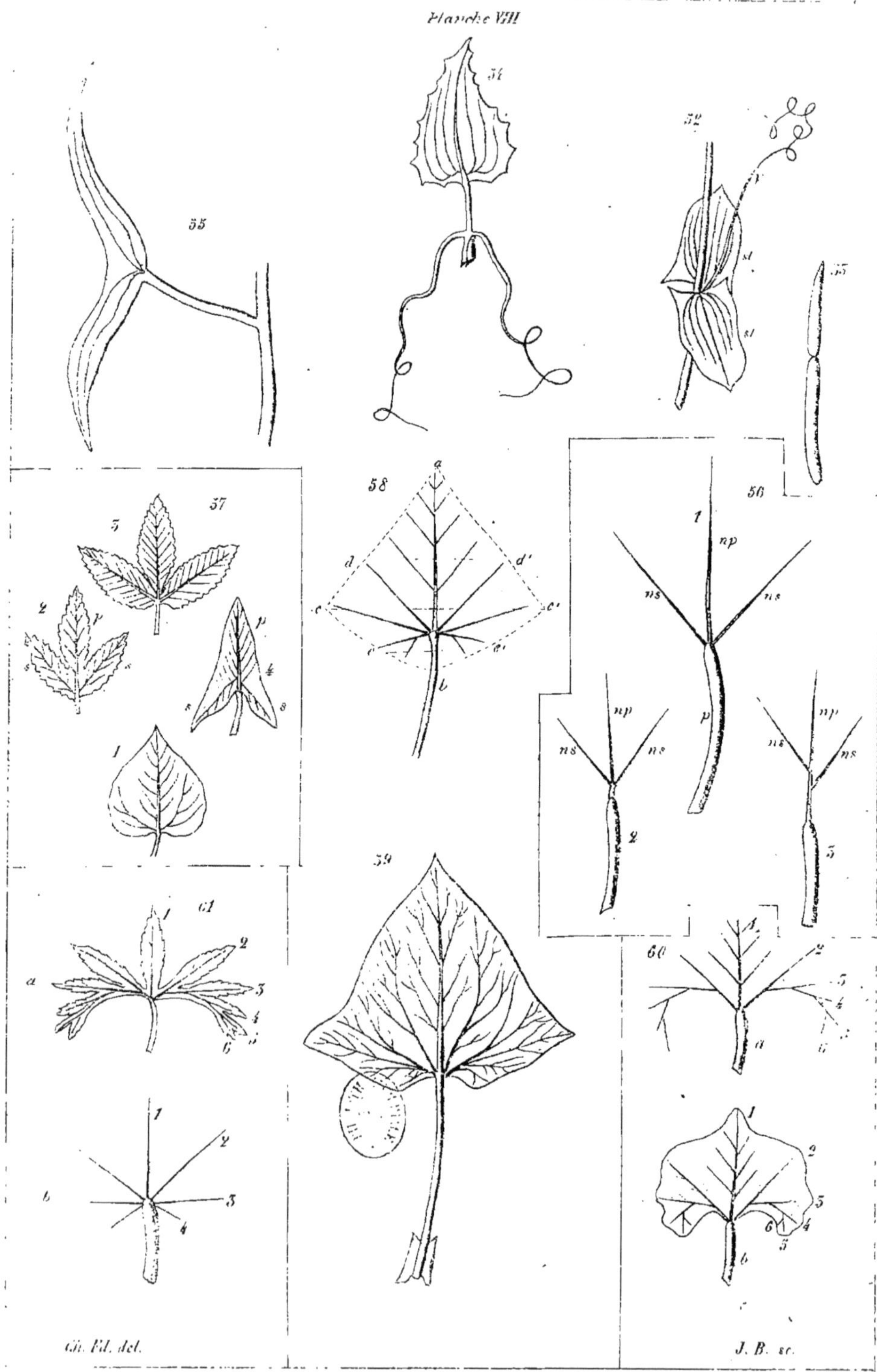
Planche VIII
Ch. Ed. del.
J. B. sc.

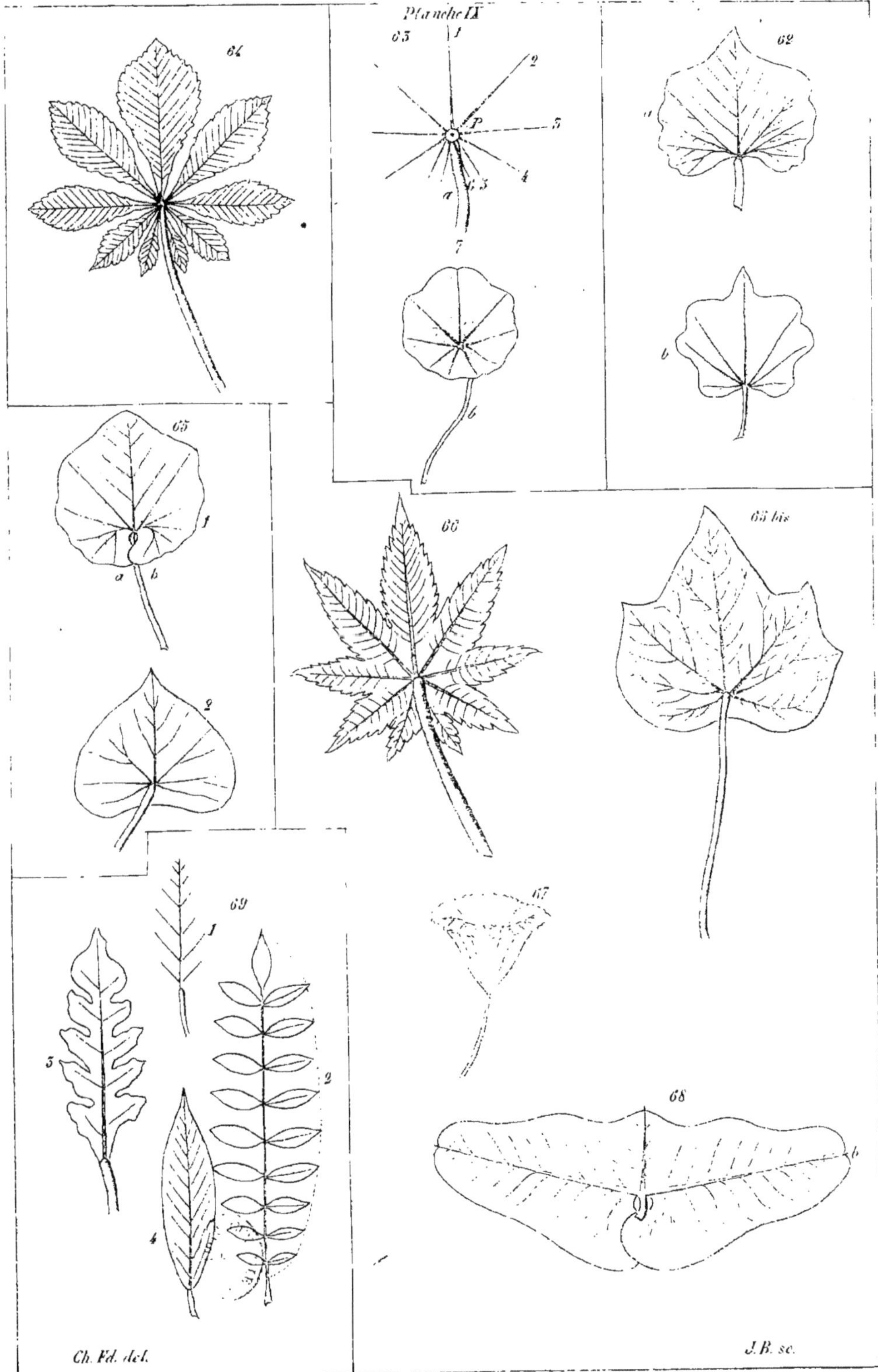
Planche IX
64
63
1
2
3
4
5
6
7
P
a
b
62
a
b
65
1
2
a
b
66
65 bis
67
68
b
69
1
2
3
4
Ch. Fd. del.
J. B. sc.

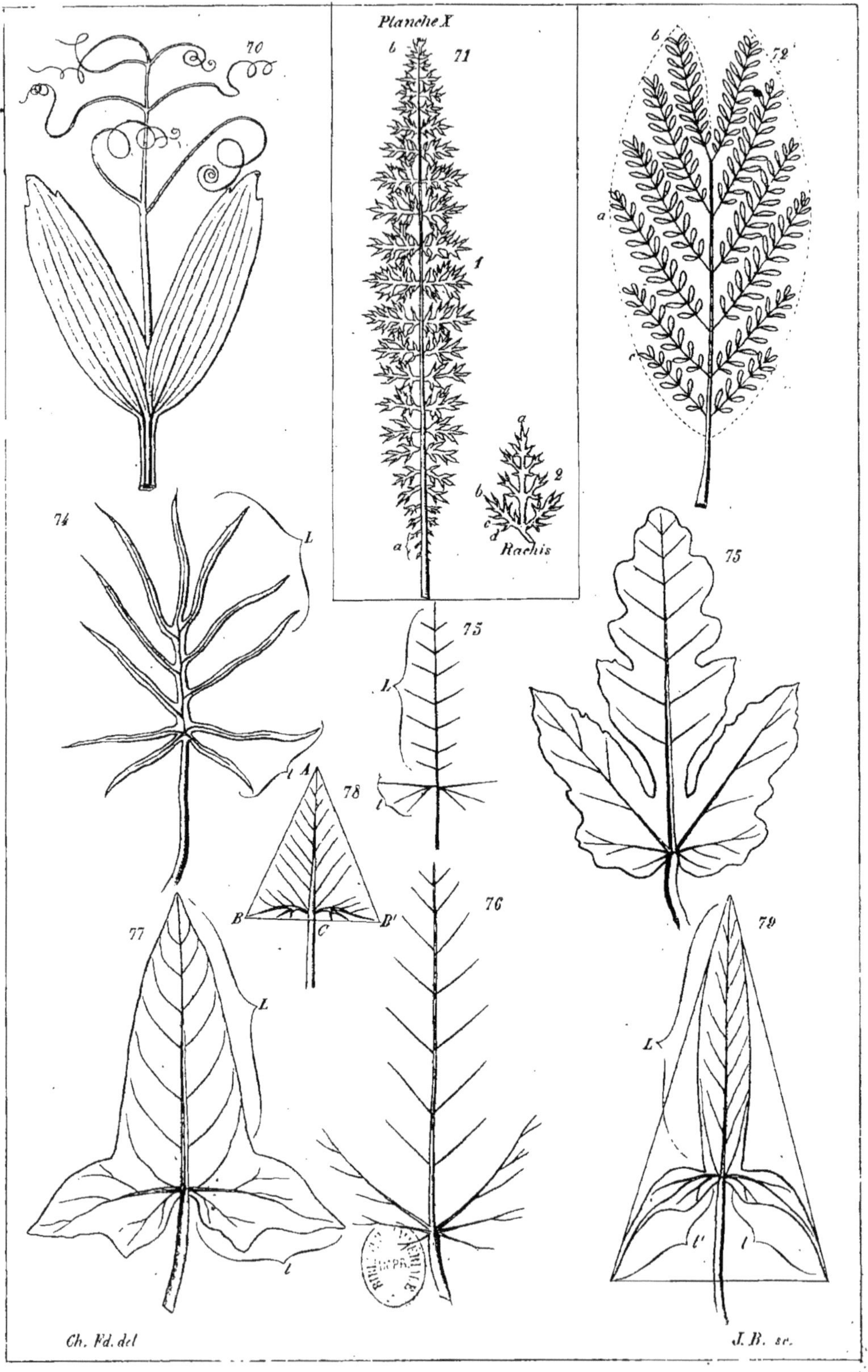
Planche X
70
71
72
1
2
Rachis
74
75
75
76
77
78
79
A
B
C
B'
L
l
l'
a
b
c
d
Ch. Fd. del
J. B. sc.

Planche XI

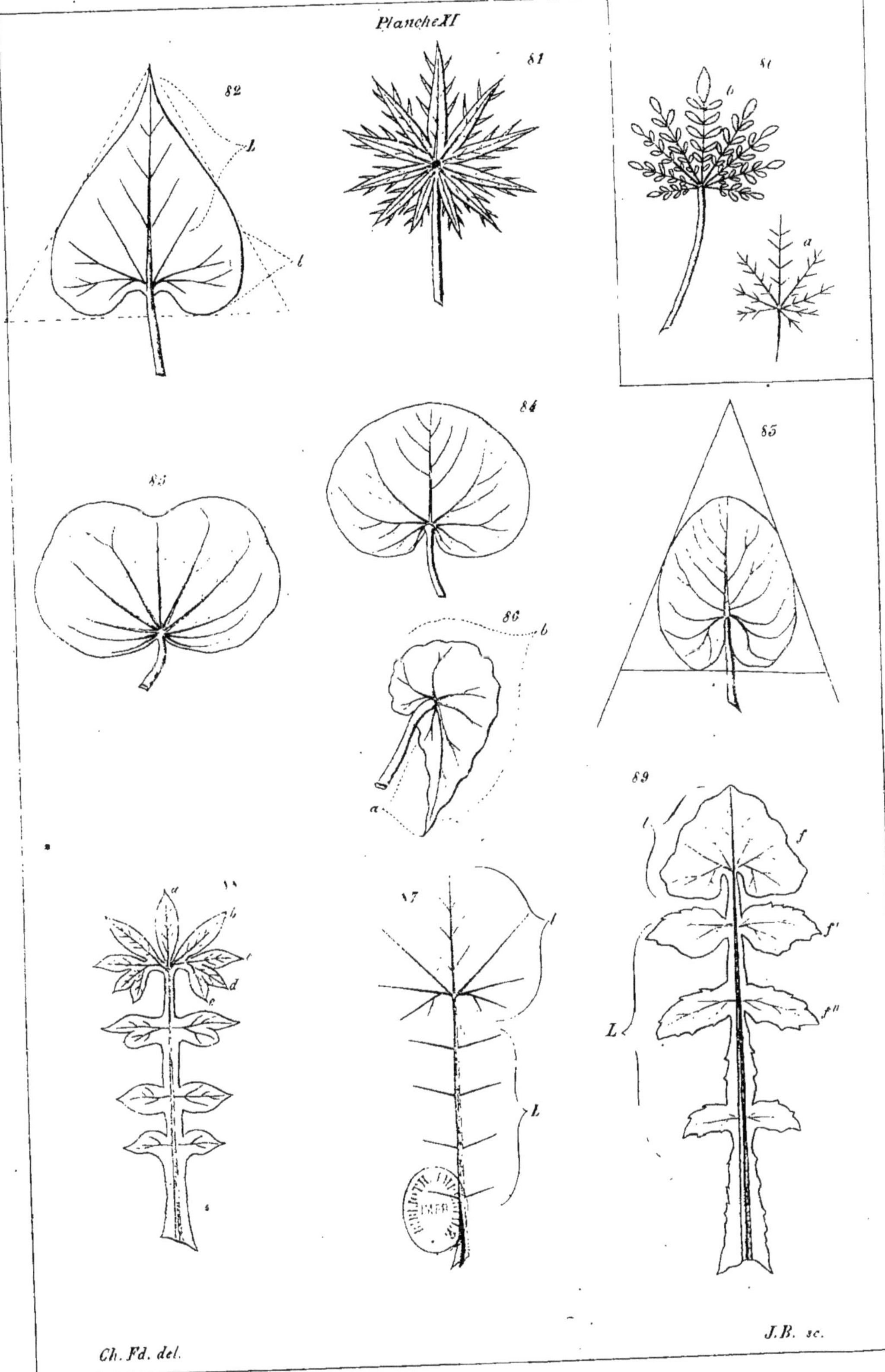

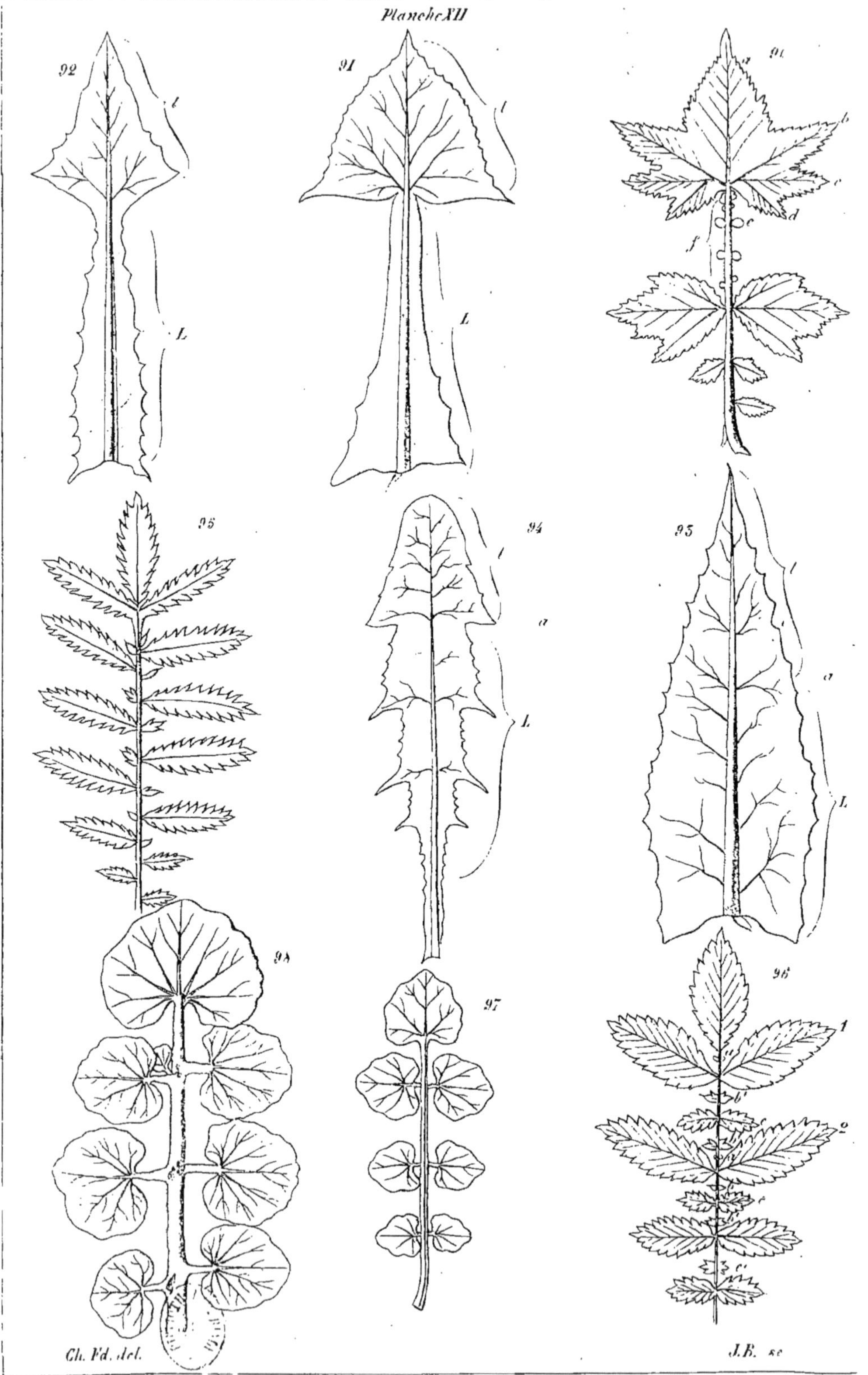
Planche XII
92
91
91
95
94
93
98
97
96
Ch. Fd. del.
J.B. sc

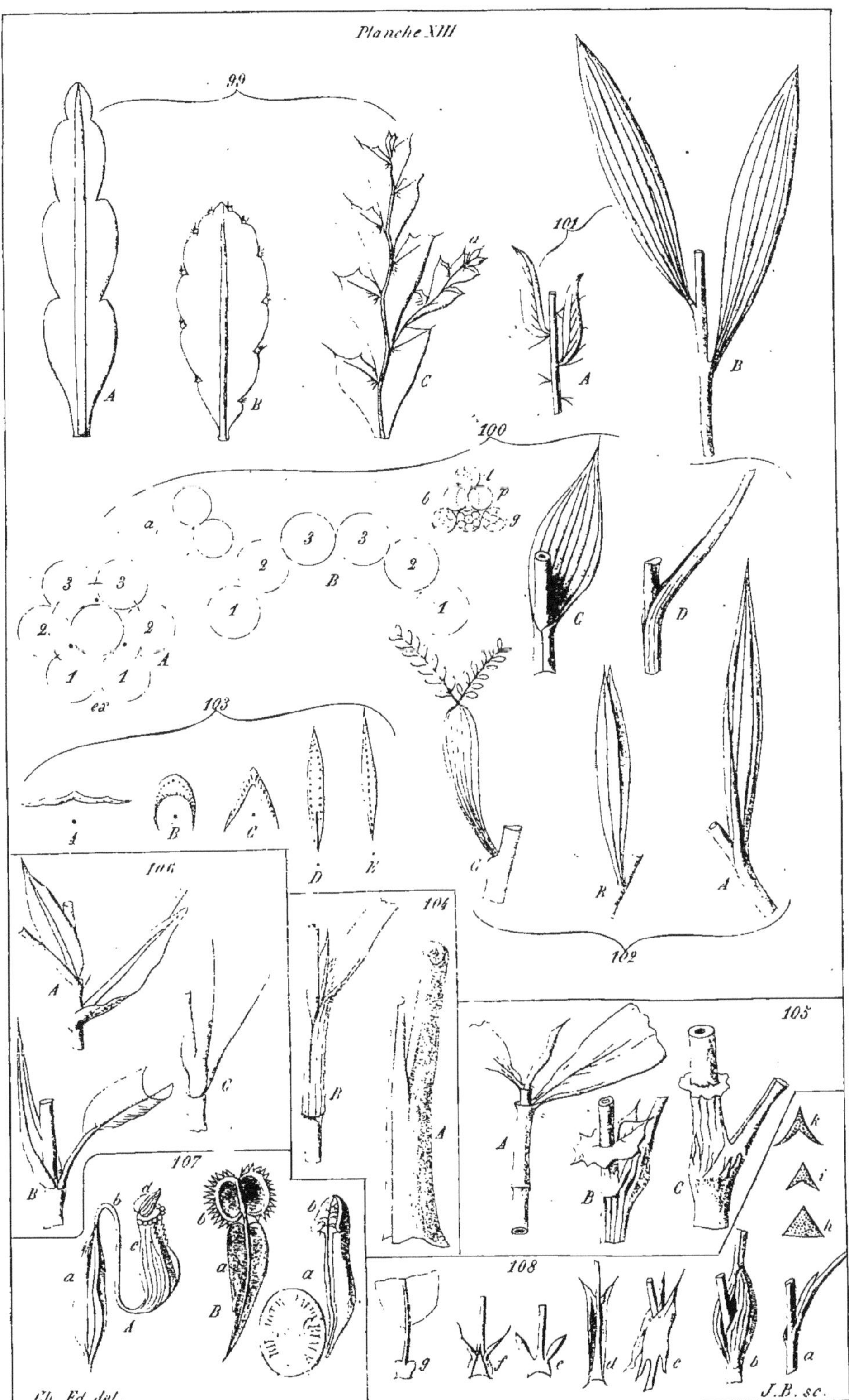
Planche XIII
99
A
B
C
a
101
A
B
100
a
3
3
2
2
1
1
A
ex
3
3
2
2
1
1
B
b
l
p
g
C
D
103
A
B
C
D
E
G
B
A
102
106
A
B
C
104
B
A
105
A
B
C
k
i
h
107
b
d
c
a
A
b
a
B
b
a
108
g
f
e
d
c
b
a
Ch. Fd. del.
J.B. sc.

www.ingramcontent.com/pod-product-compliance
Ingram Content Group UK Ltd.
Pitfield, Milton Keynes, MK11 3LW, UK
UKHW020329230726
13925UKWH00002B/709

9 782013 678735